普通高等教育"十三五"规划教材

办公自动化

（第2版）

主　编　吴永春　许大盛
副主编　吴学霞　石　林　秦峰华　徐　敏

U0217429

中国水利水电出版社
www.waterpub.com.cn
·北京·

内 容 提 要

  本书共分为五章，分别介绍操作系统 Windows 7 的使用方法，Microsoft Office 2010 套装中最常用的 3 个组件 Word 2010、Excel 2010 和 PowerPoint 2010 的操作技巧。Windows 7 从介绍安装操作系统及应用软件开始，重点介绍控制面板、注册表、系统安全设置及附件等应用技巧。Word 2010 和 Excel 2010 从实例的角度，利用实例导读、实例分析、技术要点、操作步骤和实例总结 5 个方面，全面、系统地分析每个实例在应用过程中的方法和技巧。而 PowerPoint 2010 则首先介绍了框架与母版、动画、版式和图表以及发布与播放等几个重要功能，然后从一个案例入手，重点介绍了 PowerPoint 2010 的使用方法和技巧。最后介绍了 Office 2010 的综合应用，主要包括 Word、Excel 和 PowerPoint 之间的交叉应用。

  本书语言简练、图文并茂、形式活泼、内容新颖，实用而富有启发性，以实例的形式进行综合实践，步骤清晰、描述鲜明，能够全面培养读者办公自动化的综合应用能力。本书适合经管类、计算机类、艺术类以及人文社科等相关专业的高年级本科生做教材使用，也可作为政府机关和企事业单位管理人员的办公自动化培训教材以及供广大电脑爱好者自学使用。

图书在版编目（ＣＩＰ）数据

办公自动化 / 吴永春，许大盛主编. -- 2版. -- 北京：中国水利水电出版社，2019.12
 普通高等教育"十三五"规划教材
 ISBN 978-7-5170-8241-5

 Ⅰ. ①办… Ⅱ. ①吴… ②许… Ⅲ. ①办公自动化－应用软件－高等学校－教材 Ⅳ. ①TP317.1

中国版本图书馆CIP数据核字(2019)第293703号

书　　名	普通高等教育"十三五"规划教材 **办公自动化（第 2 版）** BANGONG ZIDONGHUA	
作　　者	主编　吴永春　许大盛　副主编　吴学霞　石林　秦峰华　徐敏	
出版发行	中国水利水电出版社 （北京市海淀区玉渊潭南路 1 号 D 座　100038） 网址：www.waterpub.com.cn E - mail：sales@waterpub.com.cn 电话：(010) 68367658（营销中心）	
经　　售	北京科水图书销售中心（零售） 电话：(010) 88383994、63202643、68545874 全国各地新华书店和相关出版物销售网点	
排　　版	中国水利水电出版社微机排版中心	
印　　刷	北京市密东印刷有限公司	
规　　格	184mm×260mm　16 开本　9 印张　225 千字	
版　　次	2015 年第 1 版第 1 次印刷 2019 年 12 月第 2 版　2019 年 12 月第 1 次印刷	
印　　数	0001—3000 册	
定　　价	**28.00 元**	

凡购买我社图书，如有缺页、倒页、脱页的，本社营销中心负责调换

第 2 版前言

随着计算机的普及，计算机的应用已经渗透到社会的各个领域。办公自动化技术已经融入人们的学习和工作中，为人们提供了极大的便利。通过实现办公自动化，或者说实现数字化办公，可以优化现有的管理组织结构，调整管理体制，在提高效率的基础上，增加协同办公能力，强化决策的一致性，最后实现提高决策效能的目的。

当前介绍办公自动化的书籍很多，但普遍以全面介绍办公自动化概念、设备使用及 Office 办公软件基础知识等为主，较少涉及企事业单位办公的实际应用，如操作系统和应用软件的安装、高校学位论文格式的调整、企业对数据的高级筛选、PowerPoint 模板的制作等。为弥补这一不足，编者结合近几年从事办公自动化教学的经验，收集相关实用案例和资料，编写了本书。

第 1 版教材在四年的使用过程中，我们发现有些内容需要补充和完善，也发现了一些问题。因此第 2 版对部分章节进行了重写或增补了新的内容，具体包括：第一章增加了操作系统 Windows 7 和应用软件的安装，增加了 Windows 7 附件等内容，删除了数字证书的安装和使用；第二章重新制作了公章；第四章删除了部分链接失效的网站；新增了第五章，主要包括 Word、Excel 和 PowerPoint 之间的交叉应用。

本书第 2 版的出版得到了中国水利水电出版社的大力支持，在此表示诚挚的谢意！

由于编者水平有限，书中难免有不妥之处，恳请广大读者批评指正。

编者

2019 年 11 月

第 1 版前言

办公自动化（Office Automation，OA）是将现代化办公和计算机网络功能结合起来的一种新型的办公方式。办公自动化没有统一的定义，凡是在传统的办公室中采用各种新技术、新机器、新设备从事办公业务，都属于办公自动化的领域。在行政机关，普遍把办公自动化称为电子政务，企事业单位则称OA，即办公自动化。通过实现办公自动化，或者说实现数字化办公，可以优化现有的管理组织结构，调整管理体制，在提高效率的基础上，增加协同办公能力，强化决策的一致性，最后实现提高决策效能的目的。

办公自动化是一项综合性的科学技术，它涉及系统科学、行为科学、信息科学和管理科学等，是一门交叉性的综合学科。办公自动化的概念源于20世纪60年代初的美国，20世纪70年代中期在西方发达国家迅速发展起来，20世纪80年代在我国逐渐兴起。在办公自动化技术的不断发展过程中，相关的教材和参考书籍也在不断更新。这些书籍和教材大都以办公自动化软件的基本应用为主，对高级应用和综合应用涉及较少，难以满足教学和实际工作的需要。

本书由许大盛和吴永春制定编写大纲，第一章由石林编写，第二章由吴永春编写，第三章由吴学霞编写，第四章由秦峰华编写。全书由许大盛和杜忠友审核并统稿。

本书的编写参考了许多同行的教材、讲义、网站以及网上论坛中的资料等，在此表示感谢和敬意。

由于编者水平有限，如有不妥之处，恳请广大读者批评指正。

编者

2015 年 5 月

 **目录**

第 2 版前言

第 1 版前言

第一章　Windows 7 操作系统 ·· 1

第一节　安装 Windows 7 操作系统及应用软件 ······················· 1

第二节　Windows 7 基本操作 ··· 7

第三节　控制面板 ··· 10

第四节　注册表应用 ·· 14

第五节　Windows 7 系统安全设置 ·· 17

第六节　Windows 7 附件 ·· 23

第二章　Word 2010 应用 ··· 28

第一节　行政公文 ··· 28

第二节　格式合同 ··· 31

第三节　求职简历 ··· 36

第四节　学位论文 ··· 45

第三章　Excel 2010 应用 ··· 63

第一节　期末成绩单的数据处理 ·· 63

第二节　企业对优质客户的筛选 ·· 68

第三节　总店对各分店运营数据的统计 ··································· 71

第四节　图表的具体应用 ·· 72

第五节　单变量求解 ·· 79

第六节　规划求解 ··· 80

第四章　PowerPoint 2010 应用 ·· 85

第一节　关于 PPT ·· 85

第二节　框架与母版 ·· 89

第三节　PPT 动画 ·· 93

第四节　版式和图表 ·· 99

第五节　PPT 发布与播放 ··· 109

第六节　制作案例 ··· 112

第五章　Office 2010 综合应用 ·· 123

　　第一节　Word 与 Excel 资源共享 ·· 123

　　第二节　Word 与 PowerPoint 资源共享 ·································· 131

　　第三节　Excel 与 PowerPoint 资源共享 ·································· 134

参考文献 ·· 138

第一章　Windows 7 操作系统

操作系统（Operating System，OS），是一个管理计算机系统的全部资源（包括硬件资源、软件资源及数据资源）、控制程序运行、改善人机界面、为其他应用软件提供支持等的平台，它能够使计算机系统所有资源最大限度地发挥作用，能够为用户提供方便、有效及友善地服务界面。操作系统是一个庞大的管理控制程序，大致包括 5 个方面的管理功能：进程与处理机管理、作业管理、存储管理、设备管理、文件管理。计算机上的操作系统有 DOS、OS/2、UNIX、Linux、Windows、Netware 等，本章重点介绍主流操作系统 Windows 7。

第一节　安装 Windows 7 操作系统及应用软件

一、安装操作

以 Windows 7 旗舰版为例，安装操作的具体步骤如下：

（1）将准备好的操作系统安装光盘放入光驱，让电脑从光驱启动。

1）方法一。将 Windows 7 原版安装光盘放入光驱，启动计算机，按 F12 键，选择 CD-ROM，出现 `Press any key to boot from CD.._`，按任意键，从光驱启动。如果此时不按任意键，则会从硬盘启动。

2）方法二。将操作系统安装光盘放入光驱，启动计算机，在自检画面时，按 Del 键（有的主板是按 F2 键）进入 BIOS 设置光驱启动，如图 1-1 所示。按 F10 键保存并重启计算机，即可自动进入安装向导。

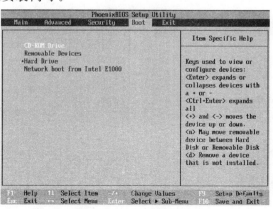

图 1-1　设置光驱启动

（2）计算机从光驱启动后，会连续出现如下界面，如图 1-2 所示。

图 1-2 光驱启动界面

（3）开始启动 Windows 7 引导程序，如图 1-3 所示。

图 1-3 Windows 7 引导程序界面

（4）进入 Windows 7 的安装向导。首先会进行一些简单的设置，根据提示可以方便地完成；然后进入接受许可条款界面，勾选"我接受许可条款"并点击"下一步"；最后选择"自定义（高级）C"。具体操作如图 1-4 所示。

图 1-4（一） 进入安装向导

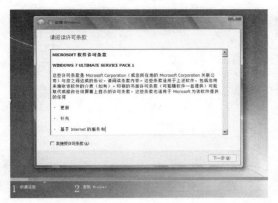
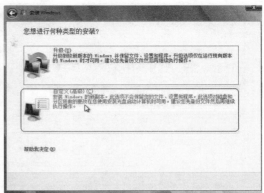

图 1-4（二） 进入安装向导

（5）进入磁盘分区。新电脑一般是没有进行分区的，硬盘只有一个盘符，这时应该先分出一个 C 盘（要大于 10G，可以适当放大一些），同时系统会自动分出一个 100M 的系统保留分区，千万不能直接删除此保留分区，否则就进不了系统！系统安装完成后，再对剩余磁盘进行分区。如果不想保留该 100M 的系统保留分区，可先全部分好区再安装。无论哪种情况，请选择操作系统安装的分区，一般为 C 盘，如图 1-5 所示，然后点击"下一步"。

（6）进入系统安装。开始"复制 Windows 文件""展开 Windows 文件""安装功能""安装更新""安装完成"，如图 1-6 所示。安装过程中计算机可能重新启动数次（一般是一次）。安装是一个漫长而激动的时刻，请耐心等待。系统安装完后会自动重启。

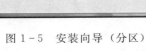

图 1-5 安装向导（分区）

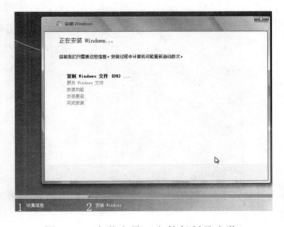

图 1-6 安装向导（文件复制及安装）

在重启的时候，看到 `Press any key to boot from CD..` 的提示时，会自动忽略光驱启动，请不要触碰键盘，否则可能再次进入光驱启动方式。

（7）最后一次重启进入后，经过如图 1-7 所示的用户、产品密钥、时间、网络等配置后，就可以进入 Windows 7 的界面了，如图 1-8 所示。

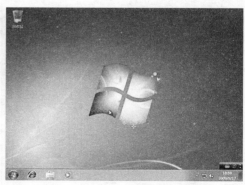

图 1-7　最后的配置

图 1-8　安装完成

（8）安装硬件驱动。首先进入 Windows 7 系统桌面，右击"计算机"图标，选择"属性"，如图 1-9 所示，进入下一步。

在系统属性界面的左侧单击"设备管理器"，查看未安装的设备驱动（带有"？"或者"！"），再到提供的驱动光盘中查找相应的驱动安装程序进行安装，安装完成如图 1-10 所示。

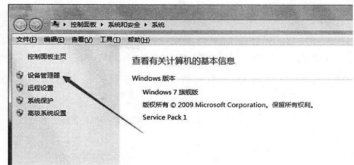

图 1-9 打开设备管理器

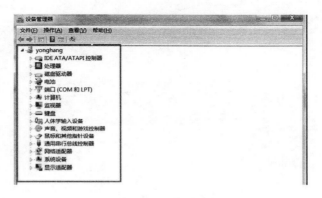

图 1-10 成功安装驱动的硬件

如果桌面上没有"计算机"图标，可以通过以下方法显示出来：

1）在桌面上右击，选择"个性化"，如图 1-11 所示。

2）选择"更改桌面图标"，可以看到"桌面图标设置"面板，如图 1-12 所示，在这里勾选"计算机"桌面图标就可以了。

图 1-11 桌面右键   图 1-12 "桌面图标设置"面板

二、安装应用软件

计算机要发挥作用，应用软件是必不可少的。一般应用软件都会提供安装程序，只要根据安装向导就可以轻松完成应用软件的安装。下面以安装一款 360 杀毒软件为例，详细介绍操作步骤，其他应用软件的安装过程都是大同小异，在此不再赘述。

具体操作步骤如下：

（1）从 360 网站下载杀毒软件的安装包，如图 1-13 所示。

图 1-13 下载安装包

（2）双击 360 杀毒软件的安装文件，将进入应用程序安装向导，如图 1-14 所示。

图 1-14 应用程序安装向导

（3）在向导中可以通过"更改目录"修改安装位置，勾选"我已阅读并同意许可协议"，单击"立即安装"按钮后，便进入自动安装和配置过程。稍作等待便完成了安装，进入程序主界面，如图 1 - 15 所示。

图 1 - 15　杀毒软件程序主界面

第二节　Windows 7 基本操作

一、库

Windows 7 中使用了"库"组件，可以方便对各类文件或文件夹进行管理。打开
"Windows 资源管理器"，在左侧边栏就可以看到"库"。简单地讲，库可以将我们需要的
文件和文件夹统统集中到一起，就如同网页收藏夹一样，只要单击库中的链接，就能快速
打开添加到库中的文件夹，不论它们原来在本地计算机或局域网中的任何位置。

实际上，它并不是将不同位置的文件从物理上移动到一起，而是通过库将这些目录的
快捷方式整合在一起，在"资源管理器"任何窗口中都可以方便地访问，大大提高了文件
查找的效率。用户不用关心文件或者文件夹的具体存储位置，把它们都链接到一个库中进
行管理。或者说，库中的对象就是各种文件夹与文件的一个快照，库中并不真正存储文
件，只提供一种更加快捷的管理方式。

默认情况下，Windows 7 已经设置了视频、图片、文档和音乐的子库，还可以建立新
类别的库，如可以建立"下载"库，把本机所有下载的文件统一进行管理。

二、搜索功能

Windows 7（简称 Win 7）推出之后，各项功能都受到了用户的好评。其中 Windows 7
的搜索功能更是一个亮点，成为很多用户最常用的一个功能。相比 Windows XP 完全依靠计
算机性能的即时搜索，Windows 7 的搜索原理已经和过去完全不同，性能也大幅提升。

1. 简单搜索

如果你知道要搜索的文件所在的目录，那么最简单的加速方法就是缩小搜索的范围，
访问文件所在的目录，然后通过文件夹窗口当中的搜索框来完成。Windows 7 已经将搜索

工具条集成到工具栏，不仅可以随时查找文件，还可以对任意文件夹进行搜索（图 1-16），在右上角处输入搜索条件即可。

图 1-16　简单搜索

2. 自定义索引目录

Windows 7 中采用了新的索引搜索模式，可以大大提升搜索速度。文件或文件夹是否建立了索引，将直接影响到搜索时的速度。为了加快搜索，我们可以自己定制要索引的目录，让搜索更快速。自定义索引目录，只要在系统的"开始"菜单中搜索框里输入"索引选项"（或打开控制面板后选择大图标方式显示，再单击"索引选项"），打开"索引选项"设置窗口，进入"修改"就可以任意添加、删除和修改索引位置了。

除了在控制面板当中设定，还可以在搜索一个不在索引中的文件夹时，将它添加到索引当中。在搜索文件夹时，资源管理器的动态工具栏下方会显示一条将文件夹添加到索引位置的信息，在信息条上单击鼠标，并在打开的菜单中选择"添加到索引"选项，便可快速将文件夹添加到索引位置中（图 1-17）。

图 1-17　添加索引菜单

3. 不搜索子目录

为了达到更好的效果，Windows 7 默认搜索文件夹以及文件夹中包含的子目录，但如果我们确认文件所在的文件夹，就可以选择不包括子目录搜索，从而加快速度。相比之下，选择关键字的完全匹配可能效果更为明显，也可以有效筛选搜索结果。因为如果关键字部分匹配的话，可能会搜索出很多包含关键字中部分内容的文件，而这些文件往往并不是我们想要的。修改方法很简单，在系统"开始"菜单的搜索框中输入"文件夹选项"，确认后即可打开"文件夹选项"设置窗口（图 1－18），然后在"搜索方式"栏当中取消"在搜索文件夹时在搜索结果中包括子文件夹"和"查找部分匹配"的勾选即可。

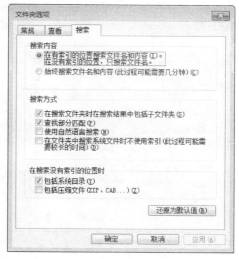

图 1－18　"文件夹选项"对话框

4. 从搜索结果中筛选

当搜索完成后，还有可能产生这样的情况：搜索结果很多，我们还要在众多的搜索结果中进行进一步的筛选。如果是这样，其实就相当于加长了搜索的时间。所以此时可以在搜索框中输入"修改"或"修改时间"，这样就可以根据时间范围在搜索结果中进行二次筛选，从而有效提高搜索效率，这也是 Windows 7 搜索中的一个新功能（图 1－19）。

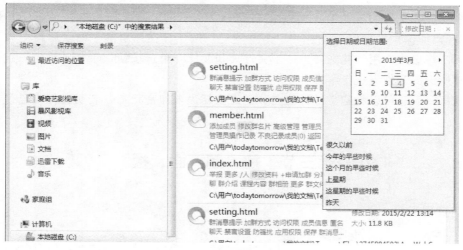

图 1－19　在搜索结果中继续搜索

三、文件和文件夹的加密

对文件或文件夹加密，可以有效地保护它们免受未经许可的访问。加密是 Windows 提供的用于保护信息安全的最强保护措施。

加密文件和文件夹的过程如下：

（1）右击要加密的文件或文件夹，从弹出的快捷菜单中选择"属性"命令，弹出其属性对话框，切换到"常规"选项卡，单击"高级"按钮，弹出"高级属性"对话框，选中

"压缩或加密属性"组中的"加密内容以便保护数据"复选框，如图1-20所示。

（2）单击"确定"按钮，返回"属性"对话框，接着单击"确定"按钮，弹出"确认属性更改"对话框，如图1-21所示。选择"将更改应用于此文件夹、子文件夹和文件"单选按钮。

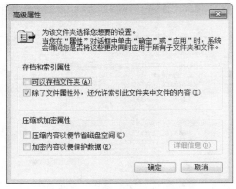

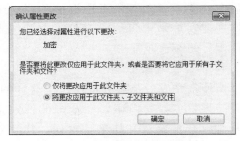

图1-20　"高级属性"对话框　　　　　　　图1-21　确认属性更改对话框

（3）单击"确定"按钮，此时开始对选中的文件夹进行加密。

完成加密后，可以看到被加密的文件夹的名称已经呈绿色显示，表明文件夹已经被成功加密。

解密文件和文件夹的过程如下：在图1-20所示的"高级属性"对话框中，取消对"加密内容以便保护数据"的选择。单击"确定"按钮，在弹出的"确认属性更改"对话框中选择"将更改应用于此文件夹、子文件夹和文件"单选按钮，单击"确定"按钮，此时开始对所选的文件夹进行解密。

完成解密后，可以看到文件夹的名称已经恢复为未加密状态，表明文件夹已经被成功解密。

第三节　控　制　面　板

一、管理工具

1. 服务

如果网页和文件打开得慢，可以把"控制面板/管理工具/服务"中没用的服务关掉。要停止不需要的服务，只要在相应的服务上双击，然后单击"停止"按钮即可。

2. Internet 信息服务管理器

互联网信息服务（Internet Information Server，IIS）是一种 Web（网页）服务组件，使用其可以将本地机器配置成一台网络服务站点，它使得在网络（包括互联网和局域网）上发布信息变得更简单。

如果操作系统中没有安装 IIS 管理器，可进入"控制面板"，依次选择"程序和功能/打开或关闭 Windows 功能"进行安装，将"Internet 信息服务"下所有的复选框都选中即可。

当 IIS 添加成功之后，再进入"控制面板/管理工具/Internet 信息服务（IIS）管理器"打开 IIS 管理器，如图 1-22 所示。

假设本机的 IP 地址为 192.168.0.1，自己的网页放在"D:\Wy"目录下，网页的首页文件名为 Index.htm，现在要根据这些建立好自己的 Web 服务器。

对于此 Web 站点，用户可以用现有的"Default Web Site"来做相应的修改，然后就可以轻松实现。单击窗口左侧的"Default Web Site"，选右侧的"基本设置"，进入名为"编辑网站"的设置界面，将"物理路径"设置为开发好的网站目录地址"D:\Wy"。再单击右侧的"绑定"按钮，对网站的 IP 地址、端口号（如 80 端口）和主机名进行绑定。打开 IE 浏览器，在地址栏输入"192.168.0.1：80"之后再按 Enter 键，此时若能够浏览你自己网页的首页，则说明设置成功。

图 1-22 Internet 信息服务管理器

3. 事件查看器

无论是普通计算机用户，还是专业计算机系统管理员，在操作计算机的时候都会遇到某些系统错误。事实上，利用 Windows 内置的事件查看器，加上适当的网络资源，就可以很好地解决大部分的系统问题。

（1）事件查看器的功能。微软在以 Windows NT 为内核的操作系统中集成有事件查看器，这些操作系统包括 Windows 2000/NT/XP/2003 等。事件查看器可以完成许多工作，比如审核系统事件和存放系统、安全及应用程序日志等。

系统日志中存放了 Windows 操作系统产生的信息、警告或错误。通过查看这些信息、警告或错误，用户不但可以了解到某项功能配置或运行成功的信息，还可了解到系统的某些功能运行失败或变得不稳定的原因。

安全日志中存放了审核事件是否成功的信息。通过查看这些信息，用户可以了解到这些安全审核结果是成功还是失败。

应用程序日志中存放应用程序产生的信息、警告或错误。通过查看这些信息、警告或错误，用户可以了解到哪些应用程序成功运行，产生了哪些错误或者潜在错误。程序开发人员可以利用这些资源来改善应用程序。

在"开始"菜单的搜索框中输入"eventvwr"，单击"确定"按钮，或者单击"控制面板/管理工具/事件查看器"，就可以打开事件查看器，它的界面如图 1-23 所示。

选中事件查看器左边的树形结构图中的日志类型（自定义视图、Windows 日志、应用程序和服务日志、订阅），在中间的详细资料窗格中将会显示出系统中该类的全部日志，双击其中一个日志，便可查看详细信息。在日志属性窗口中用户可以看到事件发生的日期、事件的发生源、种类和 ID 以及事件的详细描述，这对用户寻找、解决错误是最重要的。

如果系统中的事件过多，用户将会很难找到真正导致系统问题的事件。这时，可以使用事件"筛选"功能找到想要的日志。

选中左边的树形结构图中的日志类型，右击并选择"筛选当前日志"，日志筛选器将会启动，可以设置按记录时间、事件级别、任务类型等进行筛选。

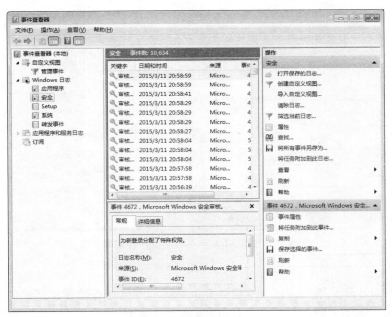

图 1-23　事件查看器

（2）利用查看器解决系统问题。查到导致系统问题的事件后，需要找到解决它们的办法。查找解决这些问题的方法主要可以通过 3 个途径：Microsoft 管理控制台、技术中心网站以及微软在线技术支持知识库（KB）。

Microsoft 管理控制台：在事件查看器界面，选择菜单命令"帮助/Microsoft 管理控制台"，即可打开管理控制台界面，单击左边的事件查看器树状目录，可以查找自己感兴趣的内容进行学习。

技术中心网站：地址是 https：// technet. microsoft. com。这个网站由众多微软 MVP（最有价值专家）主持，几乎包含了全部系统事件的解决方案。登录网站后，单击"Support"链接，会出现技术支持菜单。

微软在线技术支持知识库（KB）：地址是 http：// support. microsoft. com。微软知识库的文章是由微软公司官方资料和 MVP 撰写的技术文章组成，主要解决微软产品的问题及故障。当微软每一个产品的漏洞（Bug）和容易出错的应用点被发现以后，都将有与其对应的 KB 文章分析这项错误的解决方案。在网页的"搜索（知识库）"中输入相关的关键字进行查询，如事件发生源和 ID 等信息。当然，输入详细描述中的关键词也是一个好办法，如果日志中有错误编号，输入这个错误编号进行查询也很方便。

二、网络和共享中心

单击"网络和共享中心"图标，打开网络设置窗口。在此处可以进行网络参数的设置、局域网的建立及广域网的链接等操作。

1. 组建有线局域网

如果有两台计算机要组建有线局域网，则使用一根双绞线将两台计算机直接相连即可。如果有三台或三台以上的计算机要组建有线局域网，则需要一个集线器或路由器了。每台计算机都通过网线与集线器或路由器相连接，然后通过"更改适配器设置"，打开本地连接，更改本地连接属性，选择"Internet协议版本 6（TCP/IPv6）"或者"Internet协议版本 4（TCP/IPv4）"设置每台计算机的IP 地址、子网掩码等，如图 1-24 所示，使所有计算机在同一个网段内，同时设置所有计算机都在一个工作组内即可。修改工作组可通过"控制面板/系统/更改设置/更改"，打开"计算机名/域更改"对话框进行设置。

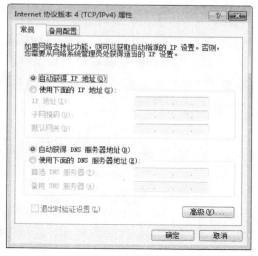

图 1-24 修改 IP 地址

2. 组建无线局域网

在"网络和共享中心"中，选择"设置新的连接或网络"，在打开的对话框中选择最下方的"设置无线临时（计算机到计算机）网络"，单击"下一步"按钮，设置网络名和安全密钥，如图 1-25 所示，再单击"下一步"按钮，即可成功建立无线局域网。其他的计算机只要有无线网卡，搜索到该局域网信号，即可直接连接进来。

3. 设置共享文件夹

进入局域网后，如果不设置共享文件夹的话，网内的其他机器无法访问到你的文件。设置文件夹共享的方法有三种，第一种方法是："控制面板/文件夹选项/查看/使用共享向导（推荐）"。这样设置后，右击要共享的文件夹，选择"属性"命令，打开文件夹属性对话框，选择"共享"选项卡，单击"共享"按钮，即可打开共享向导，引导你完成共享工作。第二种方法是："控制面板/管理工具/计算机管理"，在"计算机管理"这个对话框

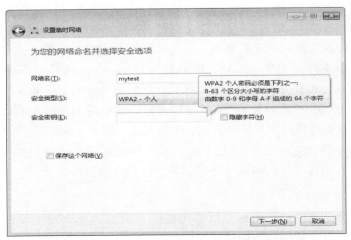

图 1-25　设置无线局域网的名称和密码

中，依次点击"共享文件夹——共享"，然后再右击菜单中选择"新建共享"即可打开共享向导。第三种方法最简单，直接在你想要共享的文件夹上点击右键，通过"共享"命令即可设置共享。

共享文件资源后，就可以通过"网络"图标来访问网上邻居了。一般操作系统安装后"网络"图标就会出现在桌面上。对 Windows 7 来讲，如果桌面上没有，可以右击桌面空白处，打开"个性化/更改桌面图标"，在"网络"前打钩即可。"网络"是局域网用户访问其他工作站的一种途径，用户在访问共享资源时，可利用"网络"功能来移动或者复制共享计算机中的信息。

第四节　注 册 表 应 用

一、注册表介绍

注册表是 Microsoft Windows 中一个重要的数据库，用于存储系统和应用程序的设置信息，是帮助 Windows 控制硬件、软件、用户环境和 Windows 界面的一套数据文件，通过 Windows 目录下的 regedit.exe 程序可以存取注册表数据库。早在 Windows 3.0 推出 OLE 技术的时候，注册表就已经出现。随后推出的 Windows NT 是第一个从系统级别广泛使用注册表的操作系统。但是，从 Windows 95 开始，注册表才真正成为 Windows 用户经常接触的内容，并在其后的操作系统中继续沿用至今。

二、备份和恢复注册表

在 Windows 7 中需要使用"注册表编辑器"进行导出、导入的操作来实现备份和恢复注册表。

（1）备份。在"开始"菜单的搜索框中输入"regedit"，然后按 Enter 键打开"注册表编辑器"，选择"文件/导出"。

除了以上方法，用户还可以通过其他的软件来帮助用户备份系统，比如"超级魔法兔子""Windows 优化大师"和"Tweak"等。

（2）手工恢复注册表。打开"注册表编辑器"，选择"文件/导入"。

要恢复注册表文件，还可以在启动 Windows 7 时恢复注册表。具体方法是在启动计算机看见"正在启动 Windows 7"的信息后，按 F8 键。然后在出现的界面中选择"最后一次正确的配置"，按 Enter 键，启动系统，操作完毕后，注册表将被还原到上次成功启动计算机时候的状态。

三、常用注册表设置

（1）变幻线屏幕保护程序。在路径"HKEY_CURRENT_USER\Software\Microsoft\Windows\CurrentVersion\ScreenSavers"下找到子键"Mystify"，右击鼠标执行：新建（N）/DWORD（32 - 位）值（D），将新建的键值命名为"NumLines"，双击此键，在数值数据框中输入"100"，选择"十进制（D）"选项按钮，单击"确定"按钮完成设置。

（2）让系统时钟显示问候语。打开注册表编辑器，切换到"HKEY_CURRENT_USER/Control Panel/International"键，双击 sLongDate 键值，在原本的键值数据内容"yyyy'年 M'月 d'日'"中加入你想设置的问候语。

（3）自定义 Windows 登录窗口的背景画面。切换到"HKEY_LOCAL_MACHINE\Software\Microsoft\Windows\CurrentVersion\Authentication\LogonUI\Background"，双击右边窗格的"OEMBackground"键值，将数值数据改为"1"，单击"确定"按钮保存键值。关闭注册表，切换到"C:/Windows/system32/oobe"路径，新建"info"文件夹，切换进入 info 文件夹，再新建"backgrounds"文件夹，切换进入 backgrounds 文件夹，将准备好的图片复制到此，并将文件夹名改为"backgroundDrfault"。注销后就会看到背景图片已变成自定义的图片了。

桌面背景图片的限制如下：①图片文件必须为 .jpg 格式；②图片文件尺寸的比例必须和屏幕分辨率相同（也就是说屏幕比例是 4∶3，则图片比例也要是 4∶3）；③图片大小不得超过 256KB。

（4）缩短开机等待的时间。打开注册表编辑器，切换到"HKEY_LOCAL_MACHINE\SYSTEM\CurrentControlSet\Control\Session Manager\Memory Management\PrefetchParameters"键，在右方窗格单击"EnablePrefetcher"键值，并右击鼠标执行"修改"命令。在数值数据中将默认值"3"修改为"5"，单击"确定"按钮即可。

（5）U 盘/移动硬盘的安插禁用。打开注册表切换到"HKEY_LOCAL_MACHINE\SYSTEM\CurrentControlSet\services\USBSTOR"键，双击"Start"键值修改其设置，在数值数据框上将键值内容由"3"修改为"4"，单击"确定"按钮退出。

（6）加快程序反应。"HKEY_CURRENT_USER\Control Panel\Desktop"下，然后在右侧窗口空白处右击，选择"新建/DWORD（32 - 位）值（D）"（注意键值类型），并将其重命名为"WaitToKillAppTimeout"，同时把该键值的数值修改为"0"，单击"确定"按钮之后就可以了。

（7）加快任务栏预览窗口弹出速度。打开注册表编辑器，定位到："HKEY_CURRENT_USER\Software\Microsoft\Windows\CurrentVersion\Explorer\Advanced"，右击"Advanced"，选择新建"DWORD（32 - 位）值（D）"，将其命名为"ThumbnailLivePreviewHoverTime"；双击这个新建的"DWORD 值"，在数据数值里以十进制填入一个数字，这个数值的单位为毫秒，比

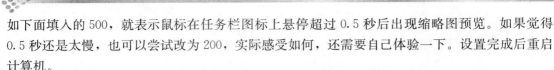

如下面填入的 500，就表示鼠标在任务栏图标上悬停超过 0.5 秒后出现缩略图预览。如果觉得 0.5 秒还是太慢，也可以尝试改为 200，实际感受如何，还需要自己体验一下。设置完成后重启计算机。

（8）删除快捷方式的小箭头。启动注册表器（regedit），然后依次展开如下分支："HKEY_CLASSES_ROOT\lnkfile"；删除"lnkfile"子项中的"IsShortcut"字符串值项，因为"IsShortcut"项是用来控制是否显示普通应用程序和数据文件快捷方式中小箭头的；再依次展开如下分支："HKEY_CLASSES_ROOT\piffile"；删除"piffile"子项中的"IsShortcut"字符串值项，"IsShortcut"值项用来控制是否显示 MS_DOS 程序快捷方式的小箭头；退出注册表器，重启 EXPLORER 进程或者注销。

四、注册表的保护

1. 修改组策略，加固系统注册表

和 WindowsXP 相同，Windows 7 中仍然开放了风险极高的可远程访问注册表的路径。将可远程访问注册表的路径设置为空，可以有效避免黑客利用扫描器通过远程注册表读取 Windows 7 的系统信息及其他信息。

打开控制面板，选择"管理工具"，双击"本地安全策略"，依次打开"本地策略/安全选项"，在右侧找到"网络访问：可远程访问的注册表路径"和"网络访问：可远程访问的注册表路径和子路径"，双击打开，将窗口中的注册表路径删除，如图 1-26 所示。

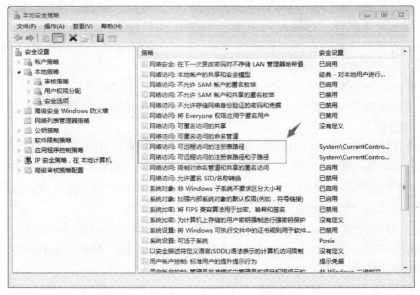

图 1-26　本地安全策略——本地策略

2. 禁止软件更改注册表

在浏览网页和安装部分未知软件时往往会自动安装一些恶意插件或软件。这些恶意插件和软件会修改系统的一些启动项、篡改 IE 主页，给我们的系统造成较大的损害。为了防止以上的情况出现，可以通过修改组策略，来禁止软件修改注册表，从而保证计算机操作系统的安全。下面是具体的操作方法。

在 Windows 7 操作系统中单击"开始"按钮，在搜索框内输入"gpedit.msc"打开组策略。在本地组策略编辑器中依次打开"用户配置/管理模板/系统"，在右边双击"阻止访问注册表编辑工具"，把它设置为"启用"就可以了。如果需要安装一些信任软件时，则可以禁用此项，然后再安装。

3．禁止修改注册表

注册表的改动对于很多用户来说是很危险的，尤其是初学者和非授权程序的非法访问，所以为了系统安全，最好还是禁止注册表运行，这在公共机房显得更加重要。我们可以通过修改注册表的权限来禁止修改注册表、禁用注册表。

打开注册表，找到"HKEY_CURRENT_USER\Software\Microsoft\Windows\CurrentVersion\Policies\System"，如果在"Policies"下面没有"System"的话，请在它下面新建一项（主键），将其命名为"System"；然后在右边空白处新建一个双字节（DWORD）值，将其命名为"DisableRegistryTools"；双击"DisableRegistryTools"，将其数值数据修改为"1"（DisableRegistryTools 的键值为 1 和 0 时分别表示锁住和解锁）。

完成上述操作之后，退出注册表编辑器，再次打开注册表时，则提示"注册表编辑已被管理员禁用"，以后别人、甚至是自己都无法再用 regedit.exe。如果要恢复并可以进行编辑的话，使用 Windows 自带的记事本（或者任意的文本编辑器）建立一个 ＊.reg 文件（＊表示文件名可任意取）。其内容如下：REGEDIT4［HKEY_CURRENT_USER\Software\Microsoft\Windows\CurrentVersion\Policies\System]"DisableRegistryTools"＝dword：00000000。关于大小写与空格的提示：Windows 9x/Me，第一行一定是"REGEDIT4"，而且必须全部大写。而 Windows 2000/XP，第一行一定要是"Windows Registry Editor Version 5.00"。该信息非常重要，如果不正确，虽然在双击注册表文件后会显示已经导入，但其实并没有成功修改注册表文件的内容。第二行为空行。第三行为子键分支。第四行为该子键分支下的设置数据，其中的"dword"必须全部小写。双击打开该 reg 文件，当询问您"确实要把 ＊.reg 内的信息添加到注册表吗?"，选择"是"，即可将信息成功输入注册表中。接下来又可以使用注册表编辑器对注册表进行编辑了。

第五节　Windows 7 系统安全设置

一、Windows 7 系统优化安全设置

Windows 7 操作系统在易用性方面已经做得不错，但是用户还可以通过一些技巧优化操作系统，能使用户更好、更方便地使用 Windows 7 操作系统。

1．关闭默认共享，封锁系统后门

同 Windows XP 一样，Windows 7 在默认情况下也开启了网络共享，如图 1 - 27 所示，每个磁盘驱动器名字都带一个"＄"符号，这表示开启了共享。虽然这可以让局域网共享更加方便，但同时也为病毒传播创造了条件。因此关闭默认共享，可以大大降低系统被病毒感染的概率。一般将所有默认共享都关闭，在各共享名称上右击，选择"停止共享"，即可关闭共享。

2．禁止自动运行，阻止病毒传播

除了网络，闪存和移动硬盘等移动存储设备也成为恶意程序传播的重要途径。当系统

图 1-27　默认共享

开启了自动播放或自动运行功能时，移动存储设备中的恶意程序可以在用户没有察觉的情况下感染系统。所以禁用自动播放和自动运行功能，可以有效掐断病毒的传播路径。关闭自动播放：在"开始"菜单的搜索框（或"运行"）中输入"gpedit.msc"开启组策略管理器，依次打开"计算机配置/管理模板/Windows 组件/自动播放策略"，双击"关闭自动播放"，点选"已启用"，再选择选项中的"所有驱动器"，最后单击"确定"按钮，自动播放功能就被关闭了。

3. 清除历史记录，保护个人隐私

Windows 7 的一大特色就是在开始菜单、任务栏、资源管理器搜索栏等多个位置都能记录用户的操作历史记录。虽然方便，但有时也会导致个人隐私外泄。

关闭"开始"菜单和任务栏中的历史记录功能比较简单。鼠标右击任务栏，在弹出菜单中选择"属性"，然后将"「开始」菜单/隐私"项中的两项勾选全部取消即可，如图 1-28 所示。

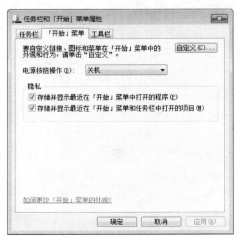

图 1-28　开始菜单和任务栏的隐私清除

但资源管理器搜索栏中的历史记录就必须使用"组策略"才能清除。在"开始"菜单的搜索框中输入"gpedit.msc"打开组策略管理器，依次打开"用户配置/管理模板/Windows 组件/Windows 资源管理器"，双击"在 Windows 资源管理器搜索框中关闭最近搜索条目的显示"，选择"已启用"，确定后关闭组策略。这样不仅原来的历史记录没有了，以后这里也不会再记录操作记录了。

4. 操作中心进行安全设置

操作中心是 Windows 7 系统的一站式安全管理工具，有很多途径打开 Windows 7 操作中心，比如打开"控制面板"点击"操作中心"栏目下"查看您计算机状态"，即可进入操作中心。

另外还可以借助 Windows 7 万能的搜索框——单击 Windows 7 桌面工具栏左下角的圆形开始按钮，在搜索框中输入"操作中心"。

如果 Windows 7 系统的"通知区域图标"设置中操作中心的图标是显示状态，我们到 Windows 7 桌面工具栏右端可以找到白色小三角旗的操作中心标志，单击小白旗，弹出菜单中都会显示"打开操作中心"的选项。这个方法最简单快速，如图 1-29 所示。

在 Windows 7 操作中心，可以对 Windows 7 系统做很多系统安全方面的设置和操作，比如病毒防护、系统更新（Windows Update）、系统备份和还原、更改用户账户控制信息（UAC）、疑难解答等。

Windows 7 操作中心会提示用户需要注意的有关安全和维护设置的重要消息，用红色项目标记重要的而且需要尽快解决的问题，用黄色项目标记需要更新的安全补丁或者已过期的病毒程序以及维护等建议执行的任务。系统的状态不同，显示的提示信息也会不同，如图 1-30 所示。

图 1-29　任务栏通知区域的
操作中心图标

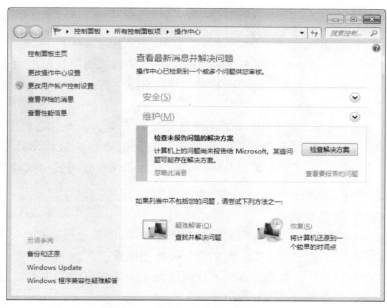

图 1-30　Windows 7 操作中心

5. 善用智能过滤功能，谨防恶意页面攻击

现在网络上的不少网站页面背后都暗含恶意控件或病毒代码，一旦用户不小心访问了这些站点，就会遭遇这些恶意控件或病毒代码的攻击，轻则系统会被网络病毒袭击，重则本地硬盘可能会被偷偷格式化掉。为了防止本地系统遭遇恶意页面的非法攻击，Windows 7 系统自带的 IE 浏览器新增加了智能过滤功能，一旦将该功能成功启用，本地 IE 浏览器

就能自动与微软的网站数据库链接起来，以便审核校对目标网站的页面是否安全，这样可以有效降低本地系统被恶意站点非法攻击的可能性。在启用 Windows 7 系统自带 IE 浏览器的智能过滤功能时，我们可以按照下面的操作来进行：

（1）打开 Windows 7 系统自带的 IE 浏览器窗口，单击该窗口菜单栏中的"安全"选项，从下拉菜单中点击"SmartScreen 筛选器"选项，再从下级菜单中单击"打开SmartScreen 筛选器"命令，弹出如图 1-31 所示的设置对话框。

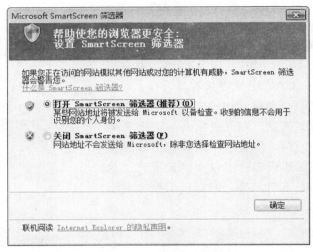

图 1-31　SmartScreen 筛选器

（2）选中该设置对话框中的"打开 SmartScreen 筛选器"选项，单击"确定"按钮保存好上述设置操作。以后当正在访问的网站对计算机有威胁时，智能过滤功能就会自动弹出警告提示我们了。

经过一系列优化，我们的 Windows 7 系统已经非常安全了。不过这里还要提醒大家，养成良好的计算机使用习惯、及时安装系统补丁和更新杀毒软件病毒库、不登录不明网站、不使用盗版软件，只有这样才能让 Windows 7 最大限度地远离安全威胁并保持良好的运行状态。

二、Windows 7 的安全模式

Windows 7 安全模式是一种不装入或不执行 Windows 7 部分驱动程序，只装入鼠标、键盘、标准 VGA 驱动程序，以最基本的方式来启动计算机，营造一个完全干净，用于修复操作系统错误的专用模式。如果计算机出现问题而不能正常启动，用户就可以重新启动计算机，进入安全模式来启动，排除故障。

启动计算机的时候，计算机自检完成后按住 F8 键，直到出现 Windows 高级选项菜单滚动到"安全模式"项，然后按 Enter 键即可。

我们一般利用安全模式完成相应操作来维护和修复操作系统，如修复系统故障、恢复系统设置、删除顽固文件、彻底清除病毒、磁盘碎片整理等。总之，利用安全模式修复计算机，可广泛适用于驱动安装出错、系统死机、显示器分辨率调整过高、软硬件严重冲突等各种不能正常进入 Windows 的故障。

三、Windows 防火墙设置

防火墙对流经它的网络通信进行扫描，这样能够过滤掉一些攻击，以免其在目标计算机上被执行。防火墙还可以关闭不使用的端口，禁止特定端口的流出通信，封锁特洛伊木马，禁止来自特殊站点的访问，从而防止不明入侵者的所有通信。

为了更好地进行网络安全管理，Windows 7 系统为用户提供了防火墙功能。如果用户合理地使用该功能，就可以根据实际需要允许或拒绝网络信息通过，从而达到防范攻击、保护网络安全的目的。

1. 启动防火墙

依次选择"控制面板/网络和共享中心"，在窗口左侧下部单击"Windows 防火墙"即可打开 Windows 的系统防火墙，如图 1-32 所示。

图 1-32　Windows 防火墙

但有时系统中与防火墙有关的服务不小心被用户暂时停用了，用户就无法启用防火墙。面对这种特殊情形，怎样才能将系统自带的防火墙功能重新启动成功呢？此时，用户可以按照下面的操作来强启系统防火墙：

（1）在"开始"菜单的搜索框中（或"运行"框中），输入字符串命令"compmgmt.msc"，单击"确定"按钮后，打开工作站系统的计算机管理窗口，在该窗口的左侧列表区域依次展开"服务和应用程序/服务"项目，在"服务"项目所在的右侧显示窗格中，找到其中的"Windows Firewall"和"Internet Connection Sharing（ICS）"服务选项，再右击该选项，从弹出的快捷菜单中执行"属性"命令，打开服务属性设置窗口。

（2）进入到该窗口的"常规"标签页面，在这里用户能看到"Windows Firewall"和"Internet Connection Sharing（ICS）"服务此刻的运行状态；一旦发现该服务启用不正常，那用户可以单击"启动"按钮将该服务重新启动，然后单击"确定"按钮退出服务属性设置界面。

完成上面的设置操作后，用户就能够对防火墙进行设置了。

2. 关闭防火墙

Windows 7 系统自带防火墙的能力有限，为了实现更高安全级别的保护，用户有时需要在网络或工作站中安装其他的专业防火墙。但有时在进行一些联网操作时，用户必须先关闭系统自带的防火墙，以使网络数据能够正常传输。为了实现彻底停用 Windows 系统自带防火墙的目的，用户可以按照如下步骤进行操作：

在图 1-32 界面中，单击左侧的"打开或关闭 Windows 防火墙"，则打开防火墙设置窗口，如图 1-33 所示。在此窗口中可以启用或关闭防火墙。

图 1-33　Windows 防火墙设置

3. 锁定防火墙

在多人共用一台计算机的办公场所中，每个用户如果都能随意打开防火墙属性设置窗口调整防火墙的安全参数，那么本地计算机的安全防范能力就会大大降低，严重的话还会导致本地计算机无法上网访问。为了谨防本地系统防火墙参数受到破坏，用户可以按照下面的操作步骤将防火墙属性设置窗口锁定起来，以避免他人随意调整防火墙参数。

首先在"开始"菜单的搜索框（或"运行"框）中执行字符串命令"gpedit.msc"，进入到本地工作站系统的组策略编辑界面；其次在该编辑界面的左侧显示窗格中，用鼠标展开其中的"计算机配置"项目分支，然后将该分支下面的"管理模板/网络/网络连接/Windows 防火墙/标准配置文件"选项依次选中，并在"标准配置"选项所对应的右侧显示窗格中，双击其中的"Windows 防火墙：保护所有网络连接"策略，在出现的界面中检查"Windows 防火墙：保护所有网络连接"策略当前是否处于"已启用"的设置状态，倘若发现该策略已经被启动，那用户必须及时选中"已禁用"选项，再单击"确定"按钮，如此一来普通用户就无法在防火墙属性设置界面中随意调整安全参数了。

四、本地安全策略

单击"控制面板/管理工具/本地安全策略"后，会进入"本地安全策略"界面。在此

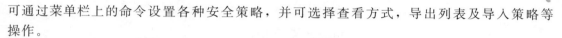

可通过菜单栏上的命令设置各种安全策略，并可选择查看方式，导出列表及导入策略等操作。

1. 加固系统账户

（1）禁止枚举账号。某些具有黑客行为的蠕虫病毒，可以通过扫描"Windows"系统的指定端口，然后通过共享会话猜测管理员系统口令。因此，需要通过在"本地安全策略"中设置禁止枚举账号，从而抵御此类入侵行为，操作步骤如下。

在"本地安全策略"左侧列表的"安全设置"目录树中，逐层展开"本地策略/安全选项"。查看右侧的相关策略列表，在此找到"网络访问：不允许 SAM 账户和共享的匿名枚举"，右击，在弹出的菜单中选择"属性"命令，会弹出一个对话框，激活"已启用"选项，最后单击"应用"按钮使设置生效。

（2）账户管理。为了防止入侵者利用漏洞登录机器，用户要在此设置重命名系统管理员账户名称及禁用来宾账户。设置方法为：在"本地策略/安全选项"分支中，找到"账户：来宾账户状态"策略，右击，在弹出的菜单中选择"属性"，而后在弹出的属性对话框中设置其状态为"已禁用"，最后单击"确定"退出。再查看"账户：重命名系统管理员账户"这项策略，调出其属性对话框，在其中的文本框中可自定义账户名称。

2. 指派本地用户权利

如果是系统管理员用户，可以指派特定权利给组账户或单个用户账户。在"安全设置"中，定位于"本地策略/用户权限分配"，而后在其右侧的设置视图中，可针对其下的各项策略分别进行安全设置。

例如，若是希望允许某用户获得系统中任何可得到的对象的所有权：包括注册表项、进程和线程以及 NTFS 文件和文件夹对象等（该策略的默认设置仅为管理员）。首先应找到列表中"取得文件或其他对象的所有权"策略，右击，在弹出的菜单中选择"属性"，单击"添加用户或组"按钮，在弹出的对话框中输入对象名称，并确认操作即可。

3. 加强密码安全

在"安全设置"中，先定位于"账户策略/密码策略"，在其右侧设置视图中，可酌情进行相应的设置，以使用户的系统密码相对安全，不易破解。如防破解的一个重要手段就是定期更新密码，大家可据此进行如下设置：右击"密码最长使用期限"，在弹出的菜单中选择"属性"，在弹出的对话框中，大家可自定义一个密码设置后能够使用的时间长短（限定于 1～999 之间）。

此外，通过"本地安全设置"，还可以通过设置"审核对象访问"，跟踪用于访问文件或其他对象的用户账户、登录尝试、系统关闭或重新启动以及类似的事件。实际应用中，"本地安全设置"是一个不可或缺的系统安全工具。

第六节　Windows 7　附　件

Windows 7 提供了一些实用的小程序，如画图、计算器、写字板、记事本、便笺、截图工具等，这些程序统称为附件。

1. 写字板

"写字板"是 Windows 7 系统提供的一个文字处理软件，它提供了简单的文字编辑、排版以及图文处理等功能，支持多种文本格式，可保存为 Word 文档、纯文本文件、RTF 文件、MS-DOS 文本文件或者 Unicode 文本文件。

（1）启动"写字板"。选择"开始/所有程序/附件/写字板"，即可启动"写字板"程序。

（2）"写字板"操作界面如图 1-34 所示。

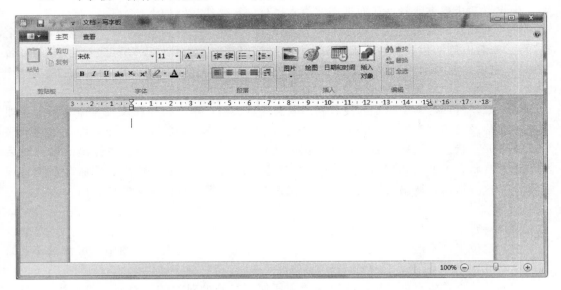

图 1-34　"写字板"操作界面

1）标题栏，显示当前文档的名称。左侧为快速访问工具栏，默认有"保存""撤销""重做"按钮，该工具栏可自定义；右侧为窗口控制按钮，用于最小化、最大化、还原和关闭窗口。

2）功能区，由"写字板"菜单、"主页"选项卡和"查看"选项卡组成，每个选项卡包含一组命令。

3）标尺，为用户提供文字位置的参考依据，也可用于段落缩进的设置。

4）文档编辑区，是主要工作区域，用于文档的输入、编辑和显示等。

5）缩放栏，显示或调整当前文档的显示比例。

2. 记事本

"记事本"是一个纯文本编辑器，比较适合编辑没有格式的文字或程序文件，其格式扩展名为 .txt，因只存储文本信息，所以文件占用空间小，网络上供下载的小说大多用此格式存储。"记事本"窗口中没有工具栏、格式栏和标尺，可以通过"格式"菜单中的"字体"命令对文字进行简单的字体、字形、字号的设置，通过"自动换行"命令设置是否根据窗口大小自动换行，通过"编辑"菜单下的各项命令对文本进行复制、剪切和粘贴操作。

（1）启动"记事本"。选择"开始/所有程序/附件/记事本"，即可启动"记事本"程序。

（2）"记事本"操作界面如图 1-35 所示。

图 1-35　"记事本"操作界面

3.便笺

"便笺"是 Windows 7 系统为用户提供的用于在桌面上显示提醒信息的小工具，和日常生活中的便笺相似。

（1）启动"便笺"。选择"开始/所有程序/附件/便笺"，即可启动"便笺"程序。

（2）"便笺"操作界面如图 1-36 所示。

单击"＋"可以新建便笺，单击"×"则可删除，光标定位插入点即可输入内容，单击便笺上方拖动可移动位置，在便笺上单击右键可改变便笺颜色。

4.画图

"画图"是 Windows 7 自带的一款图像绘制和编辑工具，用户可以用它绘制简单图像或对电脑中的图片进行处理。

（1）启动"画图"。选择"开始/所有程序/附件/画图"，即可启动"画图"程序。

（2）"画图"操作界面如图 1-37 所示。

图 1-36　"便笺"操作界面

5.计算器

"计算器"是 Windows 7 提供的一个数值运算的程序，使用计算器可以进行加、减、乘、除等简单的运算，还提供了标准型、科学型、程序员和统计信息等高级功能。

（1）启动"计算器"。选择"开始/所有程序/附件/计算器"，即可启动"计算器"程序。

（2）"计算器"操作界面如图 1-38 所示。

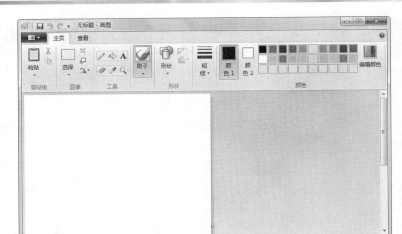

图 1－37　"画图"操作界面

（a）标准型

（b）科学型

（c）程序员

（d）统计信息

图 1－38　"计算器"四种操作界面

6. 截图工具

"截图工具"可以将计算机屏幕上内容截取下来并以图片的形式保存或复制到其他程序当中。

（1）启动截图工具。选择"开始/所有程序/附件/截图工具"，即可启动"截图工具"程序。

（2）"截图工具"操作界面如图 1－39 所示。

图 1－39　"截图工具"操作界面

需要注意，截图时除了使用系统自带的"截图工具"之外，还可以使用键盘上的"PrintScreen"键截取整个屏幕，使用"Alt＋PrintScreen"截取窗口图像，但采用这种方法截取的图像存储在剪贴板里，需要再借助某些工具"粘贴"出来才可以存储或使用。

扫码查看实验 1

第二章　Word 2010 应用

Word 2010 是微软公司推出的 Microsoft Office 套装软件中的一个组件。它利用 Windows 良好的图形用户界面，将文字处理和图表处理结合起来，实现了"所见即所得"，易学易用，并设置 Web 工具等。Word 2010 与以往的老版本相比，文字和表格处理功能更强大，外观界面设计更为美观，功能按钮的布局也更合理。

Word 2010 广泛应用于日常办公、商务活动及教学管理等领域，如公司制度的制定、格式合同的签订、求职简历的设计以及学位论文的撰写。下面就用实际操作过程来介绍如何完成这些文档。

第一节　行　政　公　文

一、实例导读

规章制度、行政公文是政府机关、企事业常用的文件题材，要求排版工整、序号明确、形式规范。本案例重点讲述项目符号、编号在条款式公文中的应用，通过层次分明的编号设置和编进、段落的应用技巧，即可设计出"威严"的公司制度文档来。

二、实例分析

关于公司制度的内容如何设计是仁者见仁智者见智的事，况且也不是讨论的重点。如何用 Word 设计出一份格式工整、严谨，体现出白纸黑字的威严的制度文档呢？忽略内容看形式，不难发现企业规章制度有很多条文，条文又分许多层次，这些就构成了管理制度文档的基本形式和框架。根据上面的分析，可以看出在设计公司制度文件中，可能会用到的知识点有文字内容的格式设置、公司制度条文编号和项目符号设置。在制度文本中，借鉴法律条文的编制规则，使用"第一条""第一款"之类的非数字序列，使文档显得规范。

综合以上分析和借鉴众家所长，设计的编号及层次如下：用"一、二、三……"来表示第一层次；借鉴法律条文，用"第一条、第二条、第三条……"来表示第二层次；用"（一）（二）（三）……"来表示第三层次。

三、技术要点

1. 格式化文本

格式化文本不仅使文档更加美观、漂亮，还可增加文章的可读性。格式化文本包括设置字符和段落。设置字符包括设置字体、字号和字形，设置字符颜色，设置字符边框和底纹、上标和下标、带圈字符和添加删除线。设置段落包括设置段落对齐，段落缩进，行距、段落间距，段落边框和底纹。当然，添加项目符号和编号也是设置段落格式的内容，因为它是本实例的重点应用，所以较为详细地单列出来，其他比较简单在此不再赘述。

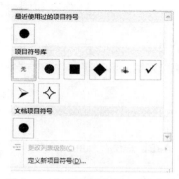

图 2-1 "项目符号库"下拉菜单

2. 项目符号

项目符号就是放在文本或列表前用来添加强调效果的符号。使用项目符号的列表可将一系列重要的条目或论点与文档中其余的文本区分开。

（1）将光标定位在希望列表开始的位置。

（2）在"开始"选项卡"段落"选项区中单击"项目符号"按钮 右侧的下拉按钮，弹出"项目符号库"下拉菜单，如图 2-1 所示。

（3）在此菜单中可以使用满意的项目符号，也可以继续单击"定义新项目符号"按钮，选择自己喜欢的项目符号。

3. 编号

编号列表是在实际应用中最常见的一种列表，它和项目符号列表类似，只是编号列表用数字替换了项目符号。在文档中应用编号列表，可以增强文档的顺序感。

（1）将光标定位在希望列表开始的位置。

（2）在"开始"选项卡"段落"选项区中单击"编号"按钮 右侧的下拉按钮，弹出"编号库"下拉菜单，如图 2-2 所示。

（3）在此菜单中可以使用满意的编号，也可以继续单击"定义新编号格式"按钮，设置自己喜欢的编号。

4. 格式刷

格式刷可以复制文本或段落的格式，使用它可以快速地设置文字的格式。使用时单击"开始"选项卡"剪贴板"选项区中的"格式刷"按钮。格式刷也可以多次使用，在使用时双击"格式刷"按钮，如果要结束使用可再次单击格式刷。

图 2-2 "编号库"下拉菜单

四、操作步骤

在进行格式修饰前，首先需要完成修饰的文字内容。一般一篇文字在没有任何修饰的情况下只有几种默认格式：字体是"宋体"，字号是"五号"，行距是"单倍行距"，此时文字如图 2-3 所示。下面以公司考勤管理制度为例，以"编号"设置为重点，详细说明其操作步骤。

1. 设置标题

选中"考勤管理制度"，选择字体为"宋体"，字号为"三号"，居中对齐。

2. 设置编号

（1）设置第一层次编号。根据前面的设计思路，第一层次标题是用"一、二、三……"来表示。这里很多读者可能会立即想到通过输入法，在第一层次标题前分别加上"一、二、三、四"的编号，严格来讲，编号应该通过"格式"中的"项目符号和编号"来实现，而不是通过输入法。

选中第一层次标题，即图 2－3 中的"目的"这行，在"开始"选项卡"段落"选项区中单击"编号"按钮右侧的下拉按钮，弹出"编号库"下拉菜单，可以看到这里有各种样式的编号，本例中选择"一、二、三"这个样式即可。

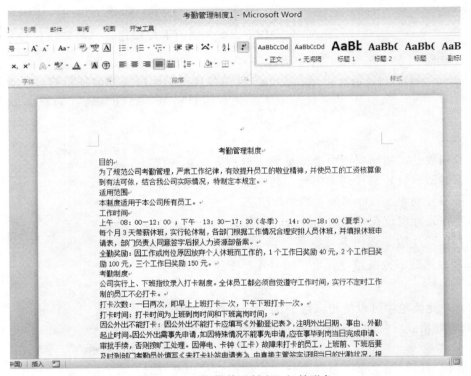

图 2－3 "考勤管理制度"初始形象

这样就把"目的"的编号设置好了，然后选择字体为"宋体"，字号为"四号"。双击"开始"选项卡的"剪贴板"选项区中的"格式刷"按钮，将其他几个第一层次标题也设置成同样的编号和文字格式，完成后，取消格式刷。

（2）设置第二层次编号。根据前面的设计思路，用"第一条、第二条、第三条……"来表示第二层次。这一步就是要自动产生"第一条、第二条、第三条……"这样的序列，但是 Word 里并没有这样现成的样式，因此我们只能进行自定义。

选中图 2－3 中"四、考勤制度"中的文字"公司实行上、下班指纹录入打卡制度。全体员工都必须自觉遵守工作时间，实行不定时工作制的员工不必打卡。"在"开始"选项卡"段落"选项区中单击"编号"按钮右侧的下拉按钮，弹出"编号库"下拉菜单，选择第五种编号样式，然后再单击"编号"按钮右侧的下拉按钮，弹出"编号库"下拉菜单，再单击"定义新编号格式"按钮，弹出"定义新编号格式"对话框，如图 2-4 所示。然后对所选用编号进行改造。把默认格式"（）"两边的括号去掉，换成"第"和"条"，这样编号格式就变成了"第 X 条"，X 是可以自动变化的。无须改变其他位置，直接单击"确定"按钮。同样用格式刷的技巧将格式应用到其他条款。

（3）设置第三层次编号。同样，根据前面的设计思路，用"（一）（二）（三）……"来表示第三层次。选择相应的编号样式，并对这些内容进行缩进，以体现出层次感。完成后应用格式刷将格式应用到其他条款，各条款下的编号是顺延的，从（一）到（N）。但是根据惯例每个条款下的编号应该是从（一）开始的，所以单击右键菜单选择"重新开始于 一"按钮，如图 2-5 所示。

图 2-4　"定义新编号格式"对话框　　　　图 2-5　右键快捷菜单

至此，整个文档项目编号的添加就基本结束了。

五、实例总结

格式化文本是 Word 排版中频繁使用的操作。项目符号和编号是其中的难点，前文对编号进行了详细介绍，项目符号与之是相类似，读者在使用中可以借鉴。在 Word 的使用实践中，理解概念是很重要的，否则应用时就会犯错误。掌握一些技巧也是必要的，否则就会忙中出错。想提高 Word 办事效率，符号和编号是必须熟练掌握的。

第二节　格　式　合　同

一、实例导读

格式合同又称标准合同、定型化合同、制式合同，是指当事人一方预先拟定合同条款，对方只能表示全部同意或者不同意的合同。因此，对于格式合同的非拟定条款的一方当事人而言，要订立格式合同，要全部接受合同条件；否则就不订立合同。现实生活中的车票、船票、飞机票、保险单、提单、仓单及出版合同等都是制式合同、格式合同。

二、实例分析

关于格式合同的条款等内容不是讨论的重点。我们这里主要讨论的是格式合同在使用 Word 编辑过程中，有些内容是能够填写或者选择改动的，有些内容是固定不变，尤其是一些格式是不能够变化的，这样就能有效地保证无论是谁签订合同都能保证格式的一致性。

三、技术要点

1. 格式化文本

格式化文本一般是编辑文档所必不可少的内容，在此不是主要内容，不再赘述。

2. 窗体控件

窗体是一种结构化的文档，其中留有可以输入信息的空间。窗体可用于设计和填写履历表、合同、发票、课表及订单等。在 Word 中可以创建以下 3 种类型的窗体：

（1）在纸上打印并书面填写的窗体，需要预留出来供用户填写的空白区域，或列出各选项的复选框让用户选择。

（2）在 Word 中查看和填写的窗体，它通过网络和电子邮件等方式来发布和收集。可以在窗体中加入文字域、复选框及下拉列表等各种窗体域。

（3）所谓联机窗体，它通过 Web 来发布和收集。

Word 2010 的窗体控件如图 2-6 所示，旧式窗体控件如图 2-7 所示。

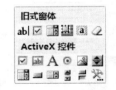

图 2-6　Word 2010 的窗体控件　　图 2-7　旧式窗体控件

1）控件类型。

格式文本内容控件：提供一个区域，用户可以在其中键入格式文本。

纯文本内容控件：提供一个纯文本区域，不包含格式。

图片内容控件：用户可以在此控件中插入或粘贴图片。

构建基块库内容控件：提供可选择的文档构建基块。

组合框内容控件：组合了文本型和下拉列表型控件功能，可单击向下箭头显示项目列表，也可以填写列表以外的项目。

下拉列表内容控件：提供一个预设选项列表，用户可以从列表框中选择。

日期选择器内容控件：提供一个下拉菜单，可以使用日历选取日期。

复选框内容控件：创建可单击的复选框，允许用户在一组选项中选择或取消选择一个或多个值。

2）旧式窗体。旧式窗体工具主要包括 Word 2003 及更低版本的窗体类型。

文本域：插入文本窗体域。

复选框：创建可单击的复选框，允许用户在一组选项中选择或取消选择一个或多个值。

组合框：提供一个预设选项列表，用户可以从列表框中选择。

横排图文框：插入旧式的 Word 图文框，作为操作窗体域的容器。

域底纹：切换窗体域的底纹，快速识别窗体域在文档中的位置。

重设窗体域：将窗体文档中的所有窗体域还原为它们的默认条目设置。

ActiveX 控件：由软件提供商开发的可重用的软件组件。

复选框：创建可单击的复选框，允许用户在一组选项中选择或取消选择一个或多个值。

文本框：文本框是一个矩形框，在其中可以查看、输入或编辑文本。

标签：提供说明性文本。

选项按钮：提供选项按钮，允许从一组有限的互斥选项中选择一个选项。

图像：通过使用图像控件嵌入图片。

数值调节钮：提供一对箭头键，用户可以单击它们来调整数值。

组合框：将文本框和列表框的功能融合在一起的一种控件，可单击向下箭头显示项目列表，也可以选择允许用户填写列表以外的项目。

命令按钮：插入按钮，用户单击时执行某个操作。

列表框：可以从列表中选择一个或多个文本项。

滚动条：插入滚动条，当单击滚动箭头或拖曳滚动块时，可滚动浏览一系列值。

切换按钮：指示一种状态（例如，是/否）或者一个模式（例如，打开/关闭）。单击时，该按钮在启用和禁用状态之间交替。

四、操作步骤

在进行操作之前，先把格式合同中不能修改或更改的内容完成，再按照要求进行格式化。下面以"某公司采购格式合同的封面"为例，如图 2-8 所示，介绍如何创建 Word 中查看和填写的窗体。

合同编号：TFK2015-987

山东银座信息科技有限公司
采购合同书

甲方（买方）： 单击此处输入文字。
乙方（卖方）： 单击此处输入文字。
签订日期： 单击此处输入日期。

图 2-8　某公司采购格式合同的封面

1. 添加"开发工具"选项卡

在初始状态下，菜单栏中是没有"开发工具"这个选项卡的。因为它是实现后期添加窗体控件的必要条件，所以就要为 Word 添加"开发工具"选项卡。首先，单击"文件"菜单，其次选择"选项"，在自定义功能区栏目选择"开发工具"，如图 2－9 所示，最后单击"确定"按钮。

图 2－9 "Word 选项"对话框

此时菜单栏显示"开发工具"选项卡，就可使用"窗体域"了，如图 2－10 所示。

图 2－10 添加后显示的"开发工具"选项卡

图 2－11 "合同编号"
控件设置

2. 添加控件

最常见的是文本内容的输入，它对应于控件窗口中的前两个，分别叫作"格式文本"和"纯文本"。回到刚开始那份合同界面，对于合同编号，它显然是一个文本输入。由于在合同封面，所以还要有一定的格式要求，这就要插入一个"格式文本"控件，这也是它与"纯文本"控件的区别。插入格式文本后，单击"属性"按钮，具体设置如图 2－11 所示。完成后，单击"新建样式"按钮，具体设置如图 2－12 所示。

同样的方法，完成下方甲乙双方的文本控件的添加。在"签订日期"后需要插入一个日期选择器，它的属性这里不再详述，主要是格式问题，这很好地解决了不统一的

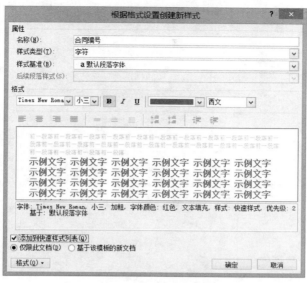

图2-12 "合同编号"样式设置

问题。与上面两项内容操作有些不同的是对于"下拉菜单"的设置。

在后面的开户行列表中，需要选择不同的银行名称，添加一个"下拉列表"的控件来实现此功能，如图2-13所示。在最后生成的文档中，可以直接选择下拉菜单中的内容，而不用进行文本输入，以避免不必要的错误，完成后的效果如图2-14所示。

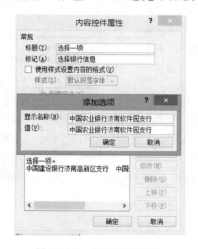

图2-13 银行列表添加

图2-14 银行列表效果图

3. 文档保护和分发

至所有的区域设置完成后，文档的基本操作完成，但这还不是最终版。送到客户手中的文本应该是部分锁定的，只能在窗体中添加内容。如何避免非正常的内容变更，这就需要对文档进行保护。在"开发工具"选项卡的"保护"组中单击"限制编辑"按钮，在弹出的"限制格式和编辑"窗格中进行设置，如图2-15所示，这样就完成了文档的加密，防止恶意篡改。至此，就完成了所有合同书内容的制作。

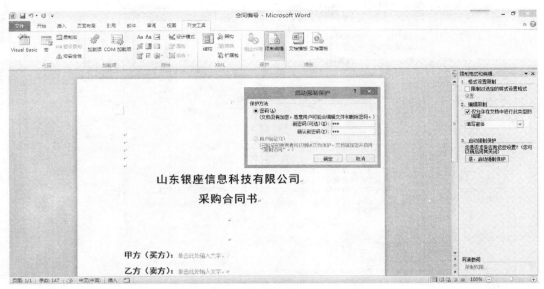

图 2-15 文档"限制格式和编辑"界面

五、实例总结

本例主要介绍控件的使用方法，它不仅可以实现文本内容和日期的输入格式的规范化，还可以通过下拉菜单来避免不必要的失误，而且通过"保护文档"可以有效地实现文件的安全。

第三节 求 职 简 历

一、实例导读

个人简历是求职者给招聘单位发的一份简要介绍。包含自己的基本信息：姓名、性别、年龄、民族、籍贯、政治面貌、学历、联系方式，以及自我评价、工作经历、学习经历、荣誉与成就、求职愿望、对这份工作的简要理解等。

个人简历是求职者获得面试机会的"敲门砖"，因此一份良好的个人简历对于获得面试机会至关重要。

二、实例分析

个人简历可以分为以下几部分。

（1）简历封面。一份完美的简历当然要有一个个性鲜明的简历封面，这是求职简历的脸面。

（2）简历目录。如果简历内容较多，目录能给阅读者起到提纲挈领的作用。

（3）简历内容，包括①基本情况：姓名、性别、出生日期、民族、婚姻状况和联系方式等；②教育背景：按时间顺序列出初中至最高学历的学校、专业和主要课程，所参加的各种专业知识和技能培训；③工作经历：按时间顺序列出参加工作至今所有的就业记录，包括公司/单位名称、职务、就任及离任时间，应该突出所任每个职位的职责、工作性质

等，此为求职简历的精髓部分；④其他：个人特长及爱好、其他技能、专业团体、著述和证明人等；⑤自我评价；⑥专业介绍；⑦学院以及学校介绍。其中前4项，我们可以通过表格的形式呈现，既简单明了又重点突出。后面3项用文字表达。

三、技术要点

1. 页面设置

文档制作开始前，为了增加整体效果，限制内容在页面中位置，也为了使文档能在更多阅读者之间相互传阅，需要将其打印出来，这就需要对其进行页面设置，包括设置页边距、纸张方向、大小等。页面设置要在"页面布局"选项卡"页面设置"中进行操作，如图2-16所示。

图2-16 页面设置

2. 剪贴画

剪贴画是一种特殊类型的图片，通常由小而简单的图像组成，使用它可以美化文档外观。Word自带有许多剪贴画，用户可以在文档中随意使用。在"插入"选项卡"插图"组中单击"剪贴画"按钮，弹出"剪贴画"任务窗格，如图2-17所示，在"搜索文字"编辑框中输入准备插入的剪贴画的关键字。如果当前计算机处于联网状态，则可以选中"包括Office.com内容"复选框。当然也可以在Microsoft剪辑管理器中复制剪贴画。

3. 表格

表格能够直观地将数据表现出来，表格中可以非常方便地输入文字、插入图片，还可以在表格中嵌套表格，以及对表格进行拆分和合并等操作。一个表格由多个单元格组成，在单元格中输入数据资料后，即构成了一个完整的表格。在Word 2010中创建表格一般有4种方法，分别为插入表格、Excel电子表格、绘制表格和快速表格，如图2-18所示。

图2-17 "剪贴画"窗格

图2-18 "插入表格"菜单

在文档中插入表格后，还可对其进一步编辑，如插入和删除行或列、调整表格的行高和列宽、插入和删除单元格、拆分和合并单元格、拆分表格以及绘制斜线表头等。设置好表格的样式就可以在表格中填入内容了。这些操作是 Word 2010 的基本操作，相对简单，在此不做论述。

4. 页眉、页脚和页码

图 2-19　页眉和页脚

页眉和页脚是文档中每个页面的顶部、底部和两侧页面边距中的区域，用户可以利用页眉和页脚显示文档标题或文件名、页码等内容，也可以在其中插入图形等内容丰富页面。页眉、页脚和页码要在"插入"选项卡"页眉和页脚"中进行操作，如图 2-19 所示。

5. 分节

为了便于对文档进行格式化，可以将文档分割成任意数量的节，然后根据需要分别为每节设置不同的格式。在建立新文档时，Word 将整篇文档默认为是一个节。

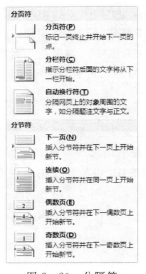

图 2-20　分隔符

把文档分成若干节后，可以对每个节进行不同的格式设置。例如，要想首页不编页码，第 2 页由 1 开始排页码，用分节操作就可以实现。分节符要在"页面布局"选项卡"页面设置"组中的"分隔符"进行操作，如图 2-20 所示。分节的类型及其作用如下。

"下一页"：插入一个分节符并分页，新的一节从下一页开始。

"连续"：插入一个分节符，新的一节从同一页开始。

"奇数页"：插入一个分节符，新的一节从下一个奇数页开始。

"偶数页"：插入一个分节符，新的一节从下一个偶数页开始。

6. 分页符

Word 有自动分页功能，当文档满一页时系统会自动换到下一页，并在文档中插入一个自动分页符。除了自动分页外，也可以人工分页，所插入的分页符为人工分页符。插入人工分页符的方法是：将光标插入点移至要分页的位置，单击"页面布局"选项卡"页面设置"组中的"分隔符"按钮，如图 2-20 所示，插入分页符。

7. 样式

样式包括字体、字号、字体颜色、行距、缩进等，运用样式可以快速改变文档中选定文本的格式设置，从而方便用户进行排版工作，大大提高工作效率。样式有内建样式以及修改和自定义样式两种。内建样式如图 2-21 所示。修改样式和自定义样式如图 2-22 和图 2-23 所示。

8. 目录

目录是文档中所有标题的列表形式，通过目录可以浏览文档中的相关主题，粗略地了解文档内容。在 Word 中专门提供了自动生成目录的功能，在创建目录之前需要标记目录项，即应用内置的标题样式。在这些内建样式中，和目录有关的是"标题 1"至"标题 9"，

图 2-21 内建样式

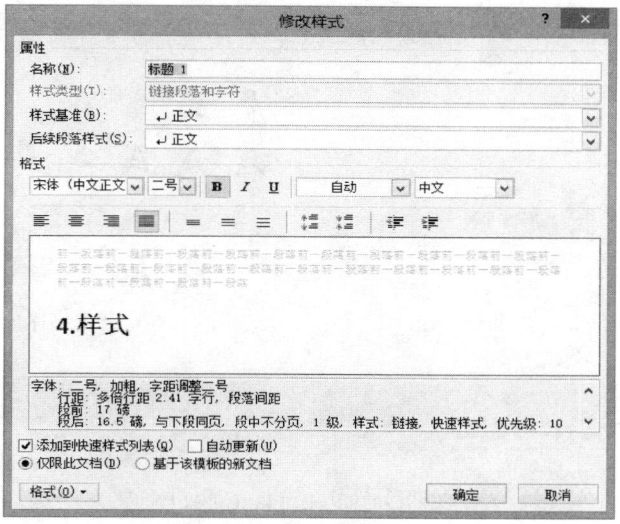

图 2-22 修改样式

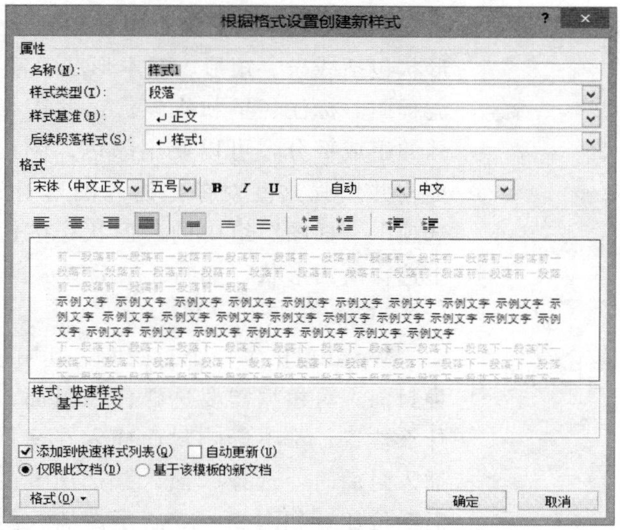

图 2-23 自定义样式

可用于文档中 1～9 层的目录生成。需要用到"引用"选项卡的"目录"组，如图 2-24 所示。

9. 艺术字

艺术字是具有一定艺术效果的字体，Word 提供专门制作艺术字的功能。此外，用户创建的艺术字还可以带阴影、斜体、旋转和延伸，或符合预定形状的文字，而且还可使用绘图工具栏上的按钮选项来改变艺术字效果。插入艺术字时需用到"插入"选项卡"文本"组中的"艺术字"按钮选项，打开艺术字库，如图 2-25 所示。如果艺术字效果不理想，可以通过艺术字格式工具栏进行设置，如图 2-26 所示。

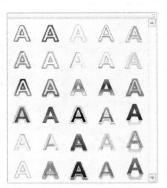

图 2-24　"目录"组　　　　　图 2-25　艺术字库

图 2-26　艺术字格式工具栏

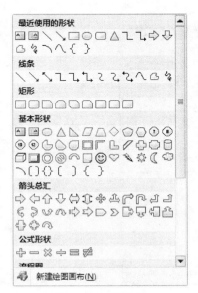

图 2-27　形状库

10. 形状

形状是在 Word 文档中添加的一个或一组图形对象。形状包括线条、矩形、基本形状、箭头总汇、公式形状、流程图、标注、星和旗帜。这些图形对象都是 Word 文档的组成部分，可以使用颜色、图案、边框和其他效果更改并增强这些对象。插入图形对象时，需用"插入"选项卡"插图"组中的"形状"按钮，在出现的形状库中选择所需形状，如图 2-27 所示。

11. 封面设计

Word 提供了一个封面库，其中包含预先设计好的各种封面，可根据需要选择任一封面，无论光标在文档的什么位置，都不影响封面插入在文档开始处的位置。需插入封面时，选择"插入"选项卡的"页"组中的"封面"按钮，如图 2-28 所示。插入封面后，可以在封面标题和文本区域中输入所需内容，完成封面设计。

图 2 - 28　封面库

四、操作步骤

根据前面分析，个人简历在一个文档中分为 3 个部分：封面、目录和内容。既然要编辑目录，所以要插入页码。一般情况下，封面是不能有页码的，目录和内容也要各自编页码。

1. 将一个分档分为三节

新建一个空白文档，并进行页面设置，这里使用默认设置，保存名为"求职简历"。在文档中输入三段文字"封面""目录"和"正文"，并显示编辑标记，如图 2 - 29 所示。

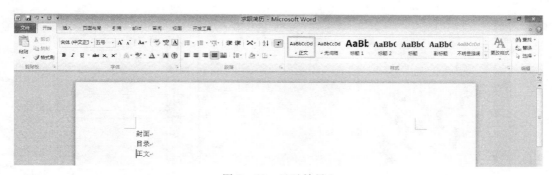

图 2 - 29　显示效果 1

把光标分别放在目录和正文前，插入下一页类型的分节符，即将文档分成了三节，这样在显示编辑标记下可以看到分节符符号，如图 2 - 30 所示。

图 2-30　显示效果 2

2. 设计封面

删除"封面"二字，这里不用 Word 自带的封面，要自己进行设计，利用到的技术要点是自选图形和艺术字，并插入剪贴画，设计效果如图 2-31 所示。

3. 完成简历内容

删除"正文"二字，写入"一、简历表格"，然后根据自己的需要完成如图 2-32 所示的表格。

图 2-31　封面效果

图 2-32　简历表格效果

在表格的后面输入"二、个人鉴定""三、专业介绍"和"四、学校介绍"等内容，并进行格式化。完成后，为了保证在排版过程中，每部分都在每页的起始处，所以要插入分页符。

4. 设计页面并插入页码

插入页眉并输入页面内容，为了使封面没有页眉，选择"首页不同"复选框，并删掉封面页眉，效果如图 2-33 所示。

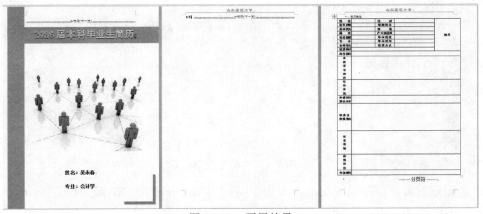

图 2-33　页眉效果

插入页码并设置页面格式，目录页和正文都是从1开始，目录页的编码格式选择罗马数字。因为封面页没有页眉，也就不存在页码，效果如图2-34所示。

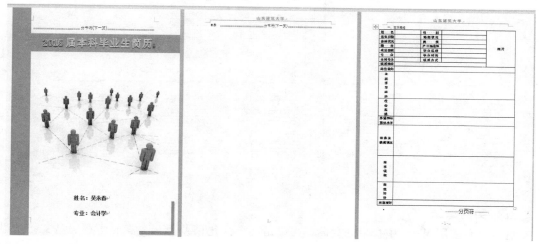

图2-34 页码效果

5. 提取目录

设置"一、简历表格"的样式，选择内置样式标题1，并删除段前段后和多倍行距，然后用格式刷复制格式于其他几个标题，效果如图2-35所示。

图2-35 目录标题样式设置效果

将光标置于目录后面，单击Enter键另起一行。设置"目录"格式，然后在下一段插入目录，并设置目录域中文字及段落格式，效果如图2-36所示。这样简历就完成了，整体效果如图2-37所示。

图2-36 目录效果

43

图 2-37 整体效果

五、实例总结

这里没有使用 Word 中自带的封面，主要是其个性化稍差一些。需要注意的是文档中显示的编辑标记，如分页符、分节符等，只能显示是打印不出的。另外表格内容没有填写，在正文中还有公章及私章设计，在此以齐鲁建筑大学公章为例介绍公章的做法。首先插入艺术字"齐鲁建筑大学"，并选择第一种效果，如图 2-38 所示。在绘图工具"格式"工具栏中的"艺术字样式"组中（图 2-39）选中艺术字，设置文本填充，文本轮廓都为红色，文本效果为转换跟随路径第一个效果，并设置大小为 5cm，设置后效果如图 2-40 所示。

齐鲁建筑大学

图 2-38 艺术字效果　　　　　图 2-39 艺术字样式　　　　　图 2-40 设置后效果

其次绘制 5cm 的正圆，图形轮廓为红色，填充为无色；一个 1.5cm 的正五角星，图形轮廓和填充都为红色，如图 2-41 所示。

最后将文字和图形进行上下左右对齐及组合，即可获得公章，如图 2-42 所示。

图 2-41 效果图　　　　　图 2-42 公章最终效果图

第四节 学位论文

一、实例导读

学位论文是指为了获得所修学位，按要求被授予学位的人所撰写的论文。根据《中华人民共和国学位条例》的规定，学位论文分为学士论文、硕士论文和博士论文 3 种。学位论文内容和格式等方面有严格要求，学位论文一般包括封面、目录、摘要、Abstract（英文摘要）、前言、正文、结论、致谢、参考文献、毕业设计小结、附录、封底等。

二、实例分析

学位论文如何撰写并不是本文讨论的内容，这里主要关注格式问题。学位授予单位，即每个高校都有自己学校自身的要求。学位论文不同的部分，格式有不同的要求。根据山东建筑大学本科毕业论文的模板，大致有如下要求：①封面，一般含有学校信息、论文题目、学生基本信息等，并要求封面没有页眉和页码；②目录，自动生成并有格式要求，有页眉和页码，页码和后面的摘要是统一的；③摘要，包括中英文摘要，并有格式要求，每个摘要另起一页，有页眉和页码，页码和目录页码一致；④前言，内容另起一页，并有格式要求；⑤正文，一般分若干章节完成，需要必要的图表和公式，并有格式要求，每章不用另起一页，需要加脚注；⑥结论，内容有格式要求并另起一页；⑦致谢，内容有格式要求并另起一页；⑧参考文献，有格式要求。另外附录和封底一般很少涉及。

三、技术要点

根据前面的分析，封面设计以及目录自动生成在个人简历处都讨论过，这里不再叙述。一般情况下，我们是在模板上，根据格式要求来完成论文，这样能省去很多修改格式的时间，并且能减少很多不必要的麻烦，因为有些格式按照格式要求很难改成要求的模样。下面叙述一下可能用到的技术要点。

1. 页面设置及打印

从制作文档的角度来讲，设置页面格式应当先于编制文档，这样才有利于文档编制过程中的版式安排。创建新文档时，系统会按照默认的模板设置了页面。

设置纸张大小：使用页面设置对话框设置纸张大小。打开文档，选择"页面布局"选项卡，在"页面设置"组中，单击右下方"页面设置"对话框启动器，系统弹出"页面设置"对话框；切换至"纸张"选项卡，如图 2-43 所示。在纸张大小下拉列表框中选择所需要的一种纸张规格，单击"确定"按钮即可。也可以在"页面设置"组中，单击"纸张大小"按钮，在弹出的下拉列表框中选择所需要的纸张规格，如图 2-44 所示。

设置页边距：页边距是指正文至纸张边缘的距离。在纸张大小确定以后，正文区的大小就由页边距来决定。

使用"页面设置"对话框设置页边距。打开文档，选择"页面布局"选项卡，在"页面设置"组中，单击右下方"页面设置"对话框启动器，系统弹出"页面设置"对话框；切换至"页边距"选项卡，如图 2-45 所示。在页边距选项中的上、下、左、右微调框中选择或键入合适的值；单击"确定"按钮。也可以在"页面设置"组中，单击"页边距"

按钮，在弹出的下拉列表框中选择所需要的页边距规格，如图 2-46 所示。

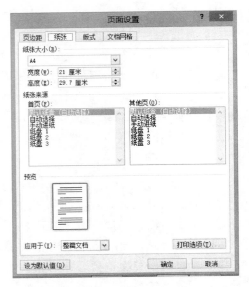

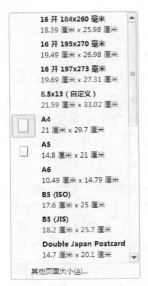

图 2-43 "纸张"选项卡 　　　　　　图 2-44 "纸张大小"下拉列表框

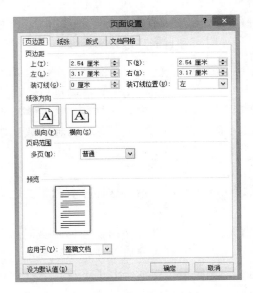

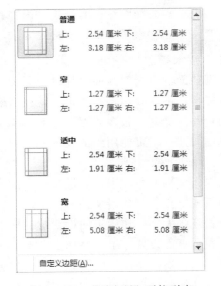

图 2-45 "页边距"选项卡 　　　　　　图 2-46 "页边距"下拉列表

页眉和页脚及页码已在前面讨论过，这里不再叙述。

打印：选择"文件"选项卡，单击"打印"选项，如图 2-47 所示，可以预览并打印文档。

2. 插入图片

图片是日常文档中的重要元素之一。在制作文档时，常常需要插入相应的图片文件来具体说明一些相关的内容信息。在 Word 2010 中，用户可以在文档中插入计算机中保存的

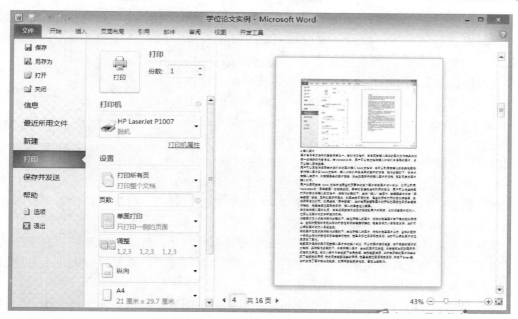

图 2 - 47 打印界面

图片，也可以插入屏幕剪辑。

　　用户可以直接将保存在计算机中的图片插入 Word 文档中，也可以利用扫描仪或者其他图形软件插入图片到 Word 文档中。插入计算机中已保存的图片的方法，操作步骤如下：点击"插入"选项卡，单击"插图"组的"图片"按钮，弹出如图 2 - 48 所示的"插入图片"对话框，找到需要的图片"插入"即可。

图 2 - 48 "插入图片"对话框

用户如果需要在 Word 文档中使用当前页面中的某个图片或者图片的一部分，则可以利用 Word 2010 的"屏幕截图"功能来实现。屏幕视窗是指当前打开的窗口，用户可以快速捕捉打开的窗口并插入到文档中，其操作步骤如下：选择"插入"选项卡，在"插图"组中单击"屏幕截图"按钮，显示如图 2-49 所示菜单。如果选择"可用视窗"，是当前所有打开的窗口缩略图，选择所需窗口即可。如果选择"屏幕剪辑"，此时在需要截取图片

图 2-49　"屏幕截图"菜单

的开始位置按住鼠标左键进行拖动，拖至合适位置释放鼠标左键，插入的是自定义截图。

在文档中插入图片之后，常常还需要进行设置才能达到用户的需求，比如调整图片的大小、位置以及图片的文字环绕方式等。

调整图片大小的具体操作步骤如下：选定所插入的图片，将指针移至图片右下角的控制手柄上，当指针变成双向箭头形状时按住鼠标左键进行拖动，拖至目标大小后释放鼠标左键，此时可以看到图片的大小已经更改。

移动图片位置的具体操作步骤如下：选定所插入的图片，将指针移至图片上方，当指针变成十字箭头形状时按住鼠标左键进行拖动，拖至目标位置后释放鼠标左键，此时可以看到图片的位置发生了变化。

裁剪图片是指如果只需要插入图片中的某一部分，可以对图片进行裁剪，将不需要的图片部分裁掉，具体操作步骤如下：单击所插入图片，会出现图片工具栏，单击"格式"会出现如图 2-50 所示的格式工具栏。在"大小"组中单击"裁剪"下三角按钮，选择"裁剪"选项，此时在所选的图片边缘出现了裁剪控制手柄，拖动需要裁剪边缘的手柄，拖至合适位置后释放鼠标，并按下 Enter 键，此时完成了图片在此边裁剪。如果需要裁剪其他边，重复上述操作。

图 2-50　图片格式工具栏

设置图片与文本位置关系：默认情况下插入的图片是以嵌入的方式显示的，用户可以通过设置自动换行来改变图片与文本位置的关系，具体操作步骤如下：选定所插入的图片，在图片格式工具栏，选择"排列"组的"自动换行"按钮，在展开如图 2-51 所示的下拉列表中选择所需选项，图片即可达到预期效果。当然通过图片格式工具栏还可以对图片的样式和效果进行修改，由于在其他图片处理工具中能起到更好的效果，这里不再叙述。

图 2-51　图片自动换行下拉列表

3. 题注

在论文排版中，图表和公式要求按照在章节中出现的顺序分章编号，例如图 1-1，表 2-1，公式 3-4 等。在插入或删除图、表、

公式时编号的维护就成为一个大问题。如果图很多，引用也很多，手工修改这些编号是一件非常费时费力的事情，而且还容易遗漏。表格和公式也存在同样的问题。能不能让Word对图表和公式自动编号，在编号改变时自动更新文档中的相应引用呢？答案是肯定的。以图的编号为例说明具体的操作方法。自动编号可以通过Word的题注功能来实现。按照论文格式要求，第2章的图号格式为图2－X。将图插入文档后，选中新插入的图，然后在"引用"选项卡中单击"题注"组中的"插入题注"按钮，如图2－52所示。这里新建一个标签，在题注对话框中选择标签为Figure，然后单击"新建标签"按钮，在弹出的"新建标签"对话框中设置标签为图2－，如图2－53所示，然后单击"确定"按钮，返回"题注"对话框。如图2－54所示，此时在题注文本框中会显示设置后的效果，这里要将编号格式设置为阿拉伯数字，如果不是则需要单击对话框中的"编号"按钮，在如图2－55所示的题注编号对话框中设置格式为1，2，3，…其他选项保持默认设置，最后单击"确定"按钮。

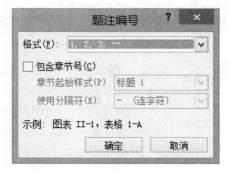

图2－52 "题注"对话框   图2－53 "新建标签"对话框

图2－54 设置后题注效果   图2－55 "题注编号"对话框

回到"题注"对话框中，继续设置位置为所选项目下方，设置完成后单击"确定"按钮，这样Word就插入一个文本框在图的下方，并插入标签文字和序号，此时可以在选号后键入说明，还可以移动文本框的位置，改动文字的对齐方式等。在文档中引用这些编号时，比如"如图2－1所示"，分两步做。插入题注之后，选中题注中的文字"图2－1"，在"插入"选项卡中单击"书签"按钮，在弹出的书签对话框中输入书签名，如图2－56所示，然后单击"添加"按钮，这样就把题注文字"图2－1"做成一个书签。书签设置好后就可以在需要引用它的地方进行插入了。将光标放在要插入书签的地方，然后在"插入"选项卡中单击"交叉引用"按钮，此时弹出如图 2-57 所示的交叉引用对话框，设置引用类型为书签，引用内容为书签文字，然后再选择刚才输入的书签名称，单击"插入"按钮，Word 就将文字"图 2-1"插入到光标所在的位置，最后单击关闭按钮完成操作。至此就实现了编号的自动维护，当在第一张图前插入一张图后，Word 会自动把第一张图的题注图 2-1 改为图 2-2，文档中的图 2-1 也会自动变为图 2-2。

表格编号的做法与图相同，唯一不同的是表格的题注在表格上方。这里需要说明的是，交叉引用、书签和题注都是 Word 的域。

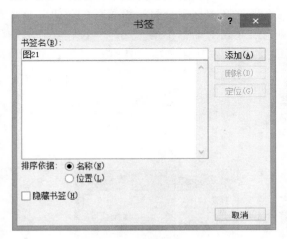

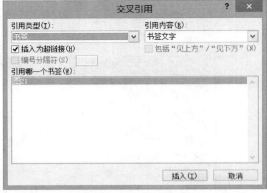

图 2-56　"书签"对话框　　　　　　图 2-57　"交叉引用"对话框

4. 域

域是 Word 中最具特色的工具之一。它是一种代码，用于指示 Word 如何将某些信息

图 2-58　域右键
快捷菜单

插入到文档中，在文档中使用它可以实现数据的自动更新和文档自动化。在 Word 2010 中，可以利用域来插入许多有用的内容，包括页码、时间和某些特定的文字内容、图形等；也可以利用域完成一些复杂而有用的功能，如自动编制索引、目录等；还可以利用域来链接或交叉引用其他的文档及项目；还可以执行一定的计算功能等。在文档中插入域之后，用户可以根据实际需要对其进行适当的编辑操作，可以用域的右键快捷菜单来完成，如图 2-58 所示。

5. 脚注和尾注

脚注和尾注用于对文档中的文本进行解释、批注或提供相关的参考资料。脚注常用于对文档内容进行注释说明，尾注则常用于说明引用的文献。其不同之处在于所处的位置不同，脚注位于页面的结尾处，而尾注位于文档的结尾处或章节的结尾处。

插入脚注的操作方法如下：在需要插入脚注的位置处定位插入点，切换至"引用"选项卡，单击"插入脚注"按钮，插入点自动移到该页文档的底端，并显示了默认的脚注符号，直接输入需要的脚注内容。

插入尾注的操作方法如下：在需要插入尾注的位置处定位插入点，切换至"引用"选项卡，单击"插入尾注"按钮，插入点自动移到该文档的末尾位置处，并显示了默认的尾注符号，直接输入需要的尾注内容。

设置脚注和尾注符号：在默认情况下，脚注和尾注符号是以数字1，2，3，…依次编号，用户也可以将其设置为其他特殊符号。在"引用"选项卡下单击"脚注"组的对话框启动器按钮，然后在弹出的"脚注和尾注"对话框中选中"脚注或尾注"按钮，如图2-59所示，并单击"符号"按钮，在弹出的"符号"对话框中选择需要的脚注或尾注符号即可，如图2-60所示。当然也可以更改编号规则，分连续、每节重新编号和每页重新编号，这些都可在脚注和尾注对话框中设置完成。

图2-59　"脚注和尾注"对话框

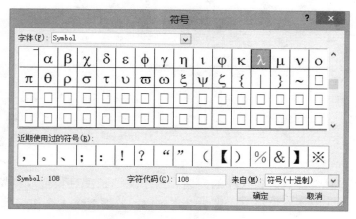

图2-60　"符号"对话框

6. 公式

在学位论文中，插入数学公式是随时可能遇到的问题。通常会利用Word中集成的公式编辑器来插入一个公式。将鼠标定位至需要插入公式的位置，在"插入"选项卡中单击"公式"按钮下的三角，如图2-61所示。此时弹出Word内置的常用公式列表，可以从中选择需要的公式，此时插入的公式只是一个公式模板，用户可以选中公式中相应位置的数值，然后再输入需要的数值即可实现替换。如果Word内置的公式模板中没有想要的公式，则可以在下拉列表中选择"插入新公式"选项，此时在文档中会预留出公式的位置，如图2-62所示，这样就可以在设计选项卡中选择自己需要的特定公式模板了。

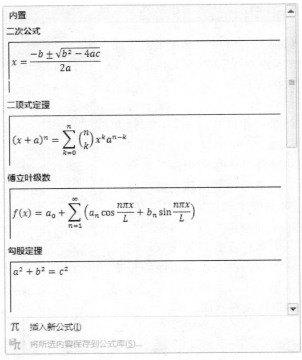

图 2-61　内置公式模板

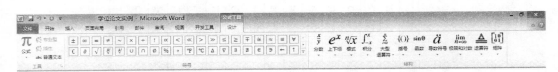

图 2-62　公式设计工具栏

7. 主控文档和子文档

在编辑长文档时常常会遇到这样的问题，由于文档长度过长造成浏览和编辑的困难，而且储存文档的文件也会变得很大，影响系统效率。若需要多人合作编写文档，则更会感到困难。如果将文档分为不同的章节作为独立的文档编辑当然可以，但是这样就降低了文档的统一性和完整性，会给格式处理等操作带来麻烦。使用 Word 提供的主控文档和子文档功能可以很好地解决这个问题。将各个章节划分为子文档，通过主控文档管理它们，既可以在子文档中分别编辑，又可以在主控文档中对子文档进行新建、删除、查看、合并、拆分、设置格式等操作。

用户可以将现有文档转换为主控文档，也可以将现有文档以子文档的形式添加到主控文档中。要对主控文档中的子文档进行编辑，首先要创建主控文档。创建主控文档的方法有两种：一是直接将一个空白文档创建为主控文档；二是将一个创建好的文档转化为主控文档。

将编辑好的文档转化为主控文档的具体操作步骤如下：打开要建立主控文档的文档，切换到大纲视图模式下，然后选中要拆分为子文档的文本内容，在"大纲"选项卡"主控文档"组中单击"显示文档"按钮，展开主控文档组，如图 2 - 63 所示。然后单击"创建"按钮，新建子文档。返回文档区，即可看到选中的文本内容已经被创建为子文档，其周围有一个虚线框，在虚线框的左上角有一个子文档图标，原文档即为主控文档。选择合适的存放位置和设置合适的文件名实施另存为操作，打开文档的保存位置此时可看到主控文档和子文档分别保存在该位置。

图 2 - 63　大纲视图显示文档按钮

　　以空白文档创建主控文档的具体操作步骤如下：新建一个空白文档，切换到大纲视图模式下，然后在文档中输入要创建的文档内容的各级标题文本，并设置其大纲级别。选中其中的某个一级标题及其下方的从属文本内容，然后在"大纲"选项卡的"主控文档"组中单击"显示文档"按钮，展开主控文档组。然后单击"创建"按钮，新建子文档。返回文档区，即可看到选中的文本内容已经被创建为子文档，其周围有一个虚线框，在虚线框的左上角有一个子文档图标，原文档即为主控文档。接下来用户可以在子文档中对各级标题下的从属正文文本内容进行完善。

　　插入子文档。在主控文档中插入子文档的具体操作步骤如下：打开已有的主控文档，切换到大纲视图模式下，此时可看到文档中原有的子文档呈现折叠状态，然后在"大纲"选项卡的"主控文档"组单击"显示文档"按钮，展开主控文档组，此时即可显示出主控文档中子文档的内容，同时显示出用户管理子文档链接的空间，然后单击展开子文档按钮，此时即可显示出主控文档中原有子文档的实际内容，同时激活"主控文档"组中的其他按钮。将插入点定位要插入子文档的位置，单击"插入"按钮。随即打开插入子文档对话框，在查找范围下拉列表中选择所要插入的子文档的保存位置，选中所需的文档，然后单击"打开"按钮。返回文档区域，即可将选中的文档以子文档的形式插入到主控文档中插入点所在的位置，其周围有一个虚线框，在虚线框的左上角有一个子文档图标。

　　打开子文档。将所需的文档以子文档的形式插入到主控文档中后，用户可以在主控文档中打开该子文档。打开含有子文档的主控文档时，其中的子文档都是折叠的，用户首先需要展开各个子文档。展开子文档后，用户就可以对子文档中的文本内容进行相关编辑操作。将鼠标移至子文档左上角的子文档图标上，双击即可在另一个文档中打开所插入的子文档。由于子文档是以超链接的形式插入到主控文档中的，所以当子文档处于折叠状态时，用户还可以将鼠标移至要打开的子文档上，此时在该子文档的上方会出现一个提示信息框，显示该子文档的保存位置以及打开该子文档的方法，按住 Ctrl 键的同时单击该子文档即可在另一个文档中打开该子文档。

　　重命名子文档。在主控文档中创建子文档时，系统会自动将子文档的首行内容文本作为子文档的文件名；在主控文档中插入子文档时，系统会继续使用子文档原有的文件名。如果用户对子文档的文件名不满意，可以对子文档进行重命名。打开含有子文档的主控文档，此时的子文档都处于折叠状态，打开该子文档，另存为合适的文件名即可。

合并子文档。合并子文档是指将两个或两个以上的子文档合并为一个文档，在合并子文档之前，必须将所有的子文档设置为展开状态，并且要将合并的几个子文档移至相邻的位置。首先选中一个要合并的子文档，然后在按住 Shift 键的同时选中其他几个要合并的子文档，在主控文档组中单击"合并"按钮，此时即可将所选的子文档合并到第一个子文档中。折叠合并后的子文档，即可看到合并后的子文档是以第一个子文档的文件名作为文件名的。

拆分子文档。拆分子文档是指将一个子文档拆分为两个或者两个以上的子文档，在拆分子文档之前也要将要拆分的子文档设置为展开状态，且取消其锁定状态。在要拆分的子文档中选中要拆分出去的文本内容，然后在主控文档组中单击"拆分"按钮，此时即可将选中的文本内容从该子文档中拆分出去，形成一个独立的子文档。

将子文档转换为主控文档的一部分。在主控文档中插入子文档后，用户可以根据需要将子文档转换为主控文档的一部分。首先要在主控文档中将所有子文档展开，然后选中要转换为主控文档的一部分的子文档，在"主控文档"组中单击"取消链接"按钮，此时即可将选中的子文档所对应的链接删除，同时将该子文档的内容复制到主控文档中，使其成为主控文档的一部分。

锁定子文档和主控文档。在多用户同时使用某个主控文档时，为了防止主控文档或者子文档中的数据或信息丢失，用户可以锁定子文档和主控文档。锁定子文档和主控文档之后，用户只能查看该子文档和主控文档中的内容，而不能对其进行修改。在锁定子文档之前也要将其设置为展开状态，然后选中要锁定的子文档，在"主控文档"组中单击"锁定"文档按钮，此时该子文档的左上角会出现一个被锁定的图标，用户不能对其进行任何编辑操作。锁定主控文档时，首先要在"主控文档"组中单击"显示文档"按钮和"锁定文档"按钮，然后直接单击此按钮即可将主控文档锁定，主控文档被锁定之后，其标题栏中会出现只读字样。

如果要对锁定后的子文档和主控文档进行编辑操作就必须对其解除锁定。对子文档解除锁定时，同样需要将其设置为展开状态，然后将其插入点移至要解除锁定的子文档中在"主控文档"组中再次单击"锁定文档"按钮即可。对主控文档解除锁定时，只需将插入点定位到文档中的任意位置，然后在"主控文档"组中单击"锁定文档"按钮即可。

删除子文档。如果某个子文档不可用了，用户可以将其从主控文档中删除。在删除子文档之前要将所有的子文档都设置为展开状态，然后选中需要删除的子文档，按 Backspace 键或者 Delete 键即可将其从主控文档中删除。子文档从主控文档中删除后，仍被保存在其原来的位置，并没有从硬盘上删除。

8. 查找和替换功能

Word 中的查找与替换功能是非常强大的，该功能不仅可以对文档中的文本、符号或特殊字符进行查找与替换，还可以对相同格式的文本内容进行查找与替换，大大简化了文档的修订与更改过程。

查找与替换文本。用户可以对文档中需要更改的文本内容进行查找与替换，从而简化修订的工作，具体操作步骤如下：打开编辑文档，将插入点定位于文档的开始位置处，在"开始"选项卡的"编辑"组中单击"查找"按钮右侧三角符号，弹出如图 2 - 64 所示菜

单，选择"高级查找"菜单，打开"查找和替换"对话框，如图 2-65
所示。在该对话框中的"查找内容"文本框中输入需要查找的文本，单
击"替换"标签，如图 2-66 所示。在"替换为"文本框中输入需要替
换的文本，单击"查找下一处"按钮，此时可以看到选中了文档中第 1
处需要查找的文本。如果需要替换当前查找到的内容，则单击查找和替
换对话框中的"替换"按钮，即可替换第 1 处文本，并自动选择了下一

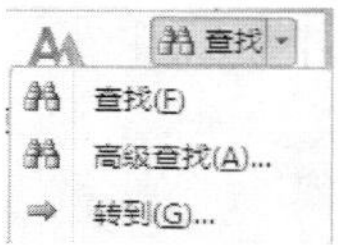

图 2-64　查找
下拉菜单

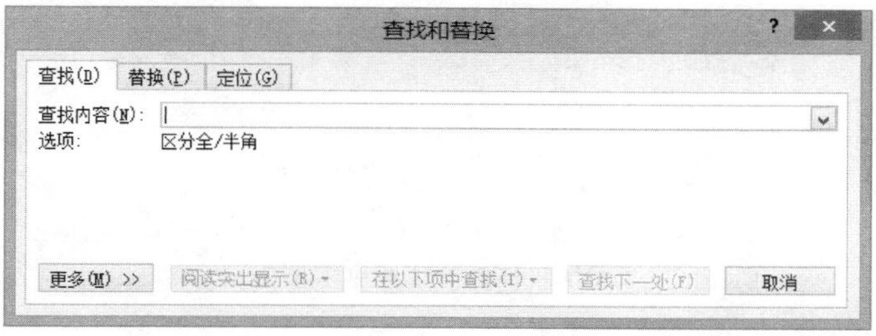

处文本。如果需要将当前文档中的所有文本全部替换，则单击对话框中的"全部替换"
按钮。

图 2-65　"查找和替换"对话框

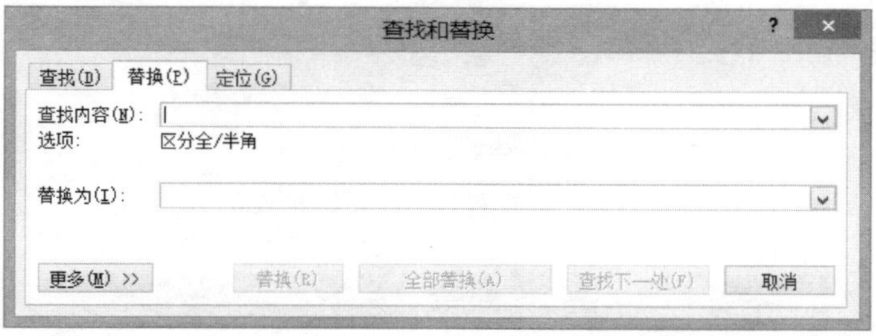

图 2-66　"替换"标签

查找和替换特殊字符和文本相似，在此不再叙述。

查找与替换格式。除了可以查找文本、特殊符号以外，用户还可以对文档中的格式进
行查找与替换，Word 提供了多种格式的查找与替换功能，在此以查找和替换字体格式为
例。具体操作步骤如下：打开编辑文档，将插入点定位于文档的开始位置处，打开"查找
和替换"对话框，单击"更多"按钮，如图 2-67 所示。单击"格式"按钮，弹出菜单如
图 2-68 所示，单击"字体"菜单，打开"查找字体"对话框，如图 2-69 所示。剩余的
操作与文本相似，在此不再叙述。

9. 审阅和修订文本

创建的文档中有时会存在不当之处，当其他阅读者需要对该文档进行修改时，可以使
用 Word 为用户提供的批注和修订功能，该功能可以明显地分别显示修改内容和原文。

批注文本。选择"审阅"选项卡，选择需要加批注的文本，单击"新建批注"按钮，
此时，系统自动显示一个批注框，其中显示了批注用户名称。在批注框中输入需要批注的
内容。如果需要更改用户名，可在"审阅"选项卡下单击"修订"按钮，在展开如图
2-70 所示的下拉列表中单击"更改用户名"选项，打开如图 2-71 所示的 Word 选项对话

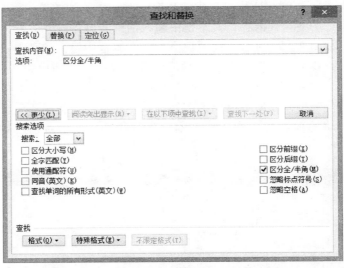

图 2-67　查找和替换对话框更多按钮显示效果

图 2-68　查找和替换对话框格式菜单

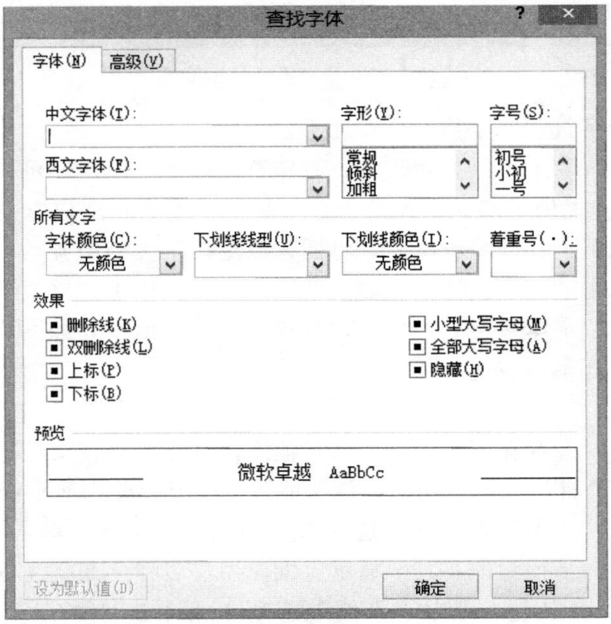

图 2-69　"查找字体"对话框

框。在"对 Microsoft Office 进行个性化设置"选项组中更改用户名及缩写。

对文本进行修订。在"审阅"选项卡下单击"修订"按钮,启动修订功能。此时修订按钮是凹下去的,对文本进行编辑是有标记的。原作者可根据实际选择"更改"组中"接受""拒绝"按钮进行确认。

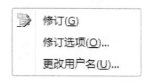

图 2-70 "修订"下拉列表

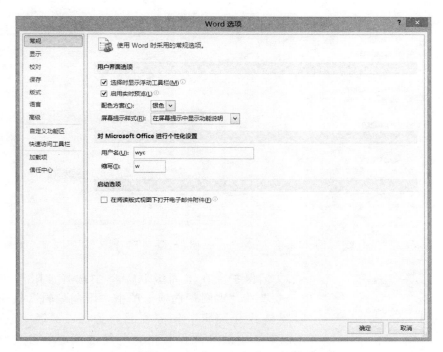

图 2-71 "Word 选项"对话框

10. 文档加密和安全性设置

对于一些重要文件,为了防止陌生人查看,可以对文档进行加密设置,即浏览者只有在知道密码的情况下方能打开文档进行查阅。另外,还可以对文档的局部内容进行加密,禁止文档被打开或被修改。

设置文档密码。打开文档,单击"文件"选项卡,选择"信息"菜单,如图 2-72 所示。单击"保护文档"按钮,弹出下拉列表,如图 2-73 所示,选择"用密码进行加密",弹出"加密文档"对话框,如图 2-74 所示。在"密码"文本框中输入密码,再确认密码,然后"确定"保存,再打开时必须要输入密码。

图 2-72 "信息"菜单

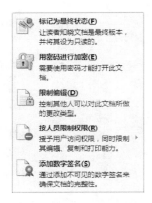

图 2-73 "保护文档"下拉菜单

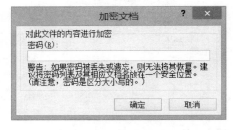

图 2-74 "加密文档"对话框

图 2-75 "限制格式和
编辑"任务窗格

文档保护。在上面级联菜单中选择"限制编辑"选项，或者在"审阅"选项卡单击"限制编辑"按钮，弹出"限制格式和编辑"任务窗格，如图 2-75 所示。勾选"限制对选定的样式设置格式"复选框，单击"设置"链接，弹出"格式设置限制"对话框，如图 2-76 所示。在当前允许使用的样式列表框中勾选禁止修改的选项，设置完毕单击"确定"按钮。返回"限制格式和编辑"任务窗格，勾选"仅允许在文档中进行此类型的编辑"复选框，单击"不允许任何更改（只读）"选项，设置完毕后单击"是"，启动"强制保护"按钮，弹出"启动强制保护"对话框，如图 2-77 所示。输入密码并确认密码，此时在"限制格式和编辑"窗格中提示用户文档已受保护，对文档进行编辑，状态栏提示"不允许修改，因为所选内容已被锁定"。

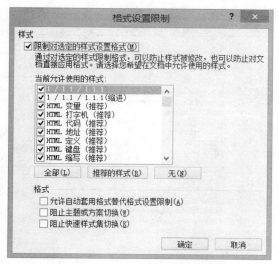

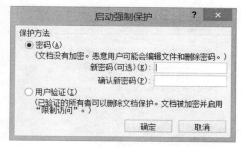

图 2-76 "格式设置限制"对话框   图 2-77 "启动强制保护"对话框

四、操作步骤

在技术要点分析时，我们提到要在模板上进行修改可以省去很多麻烦。我们以山东建筑大学本科毕业设计说明书为例（毕业论文与其相似，不再叙述），叙述其具体操作步骤。

1. 封面设计

找到教务处规定的毕业设计说明书模板，其封面如图 2-78 所示。模板上有具体的格式要求，删除不需要的东西，根据自己的实际情况，更改即可。另外这样也省去了页面设置等内容。

图 2-78 封面

2. 前言、正文和致谢

前言、正文和致谢一般都是简单的格式要求，并按照图表题注和文字脚注要求、公式输入即可。这里仍然要在模板上修改，如图 2-79 所示，省去了页眉和页码设置。

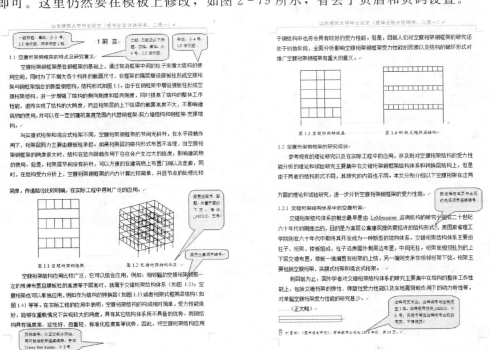

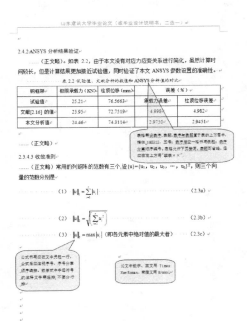

图 2-79 正文格式

3. 参考文献

参考文献有严格的书写标准，按模板修改即可，如图 2-80 所示。

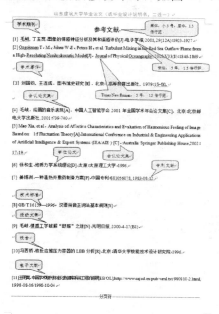

图 2-80 参考文献格式

4. 摘要及关键词

按照格式完成即可，如图 2-81 所示。

图 2-81 摘要及关键词格式

5. 目录

最后来完成目录，按照自动生成目录的方法生成，再按照模板要求的格式修改目录域格式即可，如图 2－82 所示。

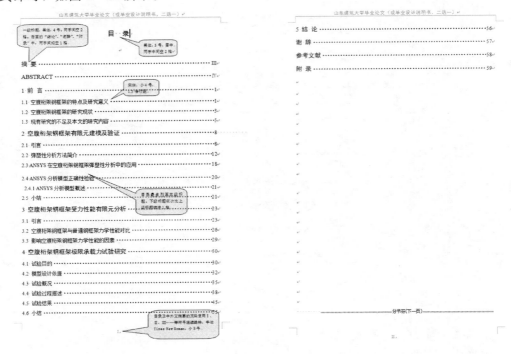

图 2－82　目录格式

五、实例总结

在这一部分，主要攻克了在论文写作方面的几个难题，希望能够帮助读者朋友解决一些实际问题。当然，本部分的案例只是一个思路和方法的载体，很多具体的问题还需要读者自己发挥创意，寻求思路。学生在书写过程中也可能会用到加密功能，指导教师在修改时可能会用到审阅功能。另外，在此实例中没有提到主控文档及子文档的应用，主要是因为本科毕业设计说明书内容比较少，在撰写硕士、博士学位论文时会用到。

扫码查看实验 2

第三章　Excel 2010 应 用

Excel 2010 是微软公司推出的 Office 2010 办公系列软件中的电子表格软件，具有强大的数据计算与分析处理功能，可以把数据用表格及各种图表的形式表现出来，使制作出来的表格图文并茂，信息表达更清晰。Excel 不但可以用于个人、办公等有关的日常事务处理，而且被广泛应用于金融、经济、财务、会计、审计和统计等领域。和 Excel 2007 相比，Excel 2010 界面的主题颜色和风格有所改变，使得操作更直观和快捷，另外增加了对 Web 功能的支持，用户可以通过浏览器直接创建、编辑和保存 Excel 文件以及通过浏览器共享这些文件。

本章将通过几个实例，具体分析如何利用 Excel 2010 强大的功能解决实际遇到的具体问题，提出合理的解决方法，方便快捷，从而提高办公效率。

第一节　期末成绩单的数据处理

一、实例导读

期末成绩单是每一学期针对学生的学习情况和考试情况做的一个总结，包括原始数据和加工数据。加工数据时使用 Excel 2010 中的数据计算和分析处理功能，非常方便，并且根据原始数据的变化可以自动修改。

二、实例分析

如图 3－1 所示，在期末成绩单中，原始数据包括学生学号、学生姓名、平时、期中、实验、期末和标志，而总成绩、应考人数、缺考人数、优秀、良好、70～79 分、60～69 分、59 分及其以下和平均分的数据则来源于原始数据的分析处理，主要利用 Excel 2010 的公式和函数。

	A	B	C	D	E	F	G	H	I	J	K	L	M	N	O	P
1	**学校课程成绩单															
2	学生学号	学生姓名	平时	期中	实验	期末	总成绩	标志	学生学号	学生姓名	平时	期中	实验	期末	总成绩	标志
3																
4																
5																
6	各档成绩百分比：平时成绩占0%；　期中成绩占0%；　实验成绩占0%；　期末成绩占0%															
7	成　绩　总　结															
8	应考人数	缺考人数	优秀		良好			70~79分		60-69分		59分及其以下			平均分	
9																
10	期　末　成　绩　总　结															
11	应考人数	缺考人数	优秀		良好			70~79分		60-69分		59分及其以下			平均分	
12																

图 3－1　空白期末成绩单

Excel 2010 提供了许多内置函数，有财务、日期与时间、数学与三角函数、统计、查找与引用、数据库、文本、逻辑、信息 9 类共几百种函数，为用户对数据进行运算和分析提供方便。

三、技术要点

"总成绩"是"平时""期中""实验"和"期末"按照一定比例计算出来的，四者合起来是 100％，可以直接使用公式，例如"＝平时＊10％＋期中＊10％＋实验＊10％＋期末＊70％"。

"平均分"是一组数据的平均值，可以使用统计函数中的 AVERAGE 函数。

"应考人数"和"缺考人数"统计学生人数，可以使用统计函数中的 COUNTA 函数。

"优秀""良好""70～79 分""60～69 分"和"59 分及其以下"等统计数据为找出符合条件的记录并计数，可以使用统计函数中的 COUNTIF 函数或 COUNTIFS 函数。

四、操作步骤

（1）录入原始数据。如图 3－2 所示。

<table>
<tr><td colspan="17" align="center">**学校课程成绩单</td></tr>
<tr><td>学生学号</td><td>学生姓名</td><td>平时</td><td>期中</td><td>实验</td><td>期末</td><td>总成绩</td><td>标志</td><td>学生学号</td><td>学生姓名</td><td>平时</td><td>期中</td><td>实验</td><td>期末</td><td>总成绩</td><td>标志</td></tr>
<tr><td>1288</td><td>张静静</td><td>95</td><td>0</td><td>0</td><td>87</td><td></td><td></td><td>1301</td><td>李光龙</td><td>95</td><td>0</td><td>0</td><td>68</td><td></td><td></td></tr>
<tr><td>1289</td><td>张永凤</td><td>90</td><td>0</td><td>0</td><td>86</td><td></td><td></td><td>1302</td><td>郭越</td><td>90</td><td>0</td><td>0</td><td>55</td><td></td><td></td></tr>
<tr><td>1290</td><td>秦双</td><td>95</td><td>0</td><td>0</td><td>71</td><td></td><td></td><td>1303</td><td>关长地</td><td>95</td><td>0</td><td>0</td><td>78</td><td></td><td></td></tr>
<tr><td>1291</td><td>吴琼</td><td>95</td><td>0</td><td>0</td><td>81</td><td></td><td></td><td>1304</td><td>刘忠</td><td>95</td><td>0</td><td>0</td><td>65</td><td></td><td></td></tr>
<tr><td>1292</td><td>樊静妍</td><td>90</td><td>0</td><td>0</td><td>85</td><td></td><td></td><td>1305</td><td>陈宗堂</td><td>98</td><td>0</td><td>0</td><td>70</td><td></td><td></td></tr>
<tr><td>1293</td><td>杨广杰</td><td>0</td><td>0</td><td>0</td><td>0</td><td></td><td>缺考</td><td>1306</td><td>张凤举</td><td>85</td><td>0</td><td>0</td><td>73</td><td></td><td></td></tr>
<tr><td>1294</td><td>佟真</td><td>88</td><td>0</td><td>0</td><td>80</td><td></td><td></td><td>1307</td><td>杜朋超</td><td>90</td><td>0</td><td>0</td><td>82</td><td></td><td></td></tr>
<tr><td>1298</td><td>孟晓丹</td><td>85</td><td>0</td><td>0</td><td>90</td><td></td><td></td><td>1308</td><td>孟绍坤</td><td>80</td><td>0</td><td>0</td><td>85</td><td></td><td></td></tr>
<tr><td>1299</td><td>王辉</td><td>98</td><td>0</td><td>0</td><td>96</td><td></td><td></td><td>1309</td><td>翟立敏</td><td>95</td><td>0</td><td>0</td><td>85</td><td></td><td></td></tr>
<tr><td>1300</td><td>吴玉清</td><td>90</td><td>0</td><td>0</td><td>74</td><td></td><td></td><td>1310</td><td>于洋</td><td>70</td><td>0</td><td>0</td><td>46</td><td></td><td></td></tr>
<tr><td colspan="17">各档成绩百分比：平时成绩占0%；　期中成绩占0%；　实验成绩占0%；　期末成绩占0%</td></tr>
<tr><td colspan="17" align="center">成　绩　总　结</td></tr>
<tr><td>应考人数</td><td>缺考人数</td><td colspan="2">优秀</td><td colspan="2">良好</td><td colspan="2">70~79分</td><td colspan="2">60-69分</td><td colspan="2">59分及其以下</td><td colspan="2">平均分</td></tr>
<tr><td></td><td></td><td colspan="2"></td><td colspan="2"></td><td colspan="2"></td><td colspan="2"></td><td colspan="2"></td><td colspan="2"></td></tr>
<tr><td colspan="17" align="center">期　末　成　绩　总　结</td></tr>
<tr><td>应考人数</td><td>缺考人数</td><td colspan="2">优秀</td><td colspan="2">良好</td><td colspan="2">70~79分</td><td colspan="2">60-69分</td><td colspan="2">59分及其以下</td><td colspan="2">平均分</td></tr>
<tr><td></td><td></td><td colspan="2"></td><td colspan="2"></td><td colspan="2"></td><td colspan="2"></td><td colspan="2"></td><td colspan="2"></td></tr>
</table>

图 3－2　录入原始数据

（2）设定"总成绩"中"平时"占 20％，"期末"占 80％，在单元格 G3 中输入"＝C3＊20％＋F3＊80％"，然后按 Enter 键就可以得到第一位学生的"总成绩"，最后复制公式就可以得到其他学生的"总成绩"了。在此处，可以体会 Excel 相对引用的灵活性，如图 3－3 所示。对于期末成绩总结中的平均分直接插入 AVERAGE 函数，选定单元格区域即可。

（3）统计应考人数。COUNTA 函数用于计算区域中非空单元格的个数，在此处可以统计学生姓名字段，在期末成绩总结中，在单元格 A19 中插入函数 COUNTA，如图 3－4 所示。

在参数 Value1 中指定单元格区域 B3：B12 和 J3：J12，注意 Ctrl 键在选择不连续单元格区域的作用。或者在参数 Value1 中指定单元格区域 B3：B12，在参数 Value2 中指定 J3：J12，如图 3－5 所示。

	A	B	C	D	E	F	G	H	I	J	K	L	M	N	O	P
1						****学校课程成绩单**										
2	学生学号	学生姓名	平时	期中	实验	期末	总成绩	标志	学生学号	学生姓名	平时	期中	实验	期末	总成绩	标志
3	1288	张静静	95	0	0	87	88.6		1301	李光龙	95	0	0	68	73.4	
4	1289	张永凤	90	0	0	86	86.8		1302	郭越	90	0	0	55	62	
5	1290	秦双	95	0	0	71	75.8		1303	关长地	95	0	0	78	81.4	
6	1291	吴琼	95	0	0	81	83.8		1304	刘忠	95	0	0	65	71	
7	1292	樊静妍	90	0	0	85	86		1305	陈宗堂	98	0	0	70	75.6	
8	1293	杨广杰	0	0	0	0	0	缺考	1306	张凤举	85	0	0	73	75.4	
9	1294	佟真	88	0	0	80	81.6		1307	杜朋超	90	0	0	82	83.6	
10	1298	孟晓丹	85	0	0	90	89		1308	孟绍坤	80	0	0	85	84	
11	1299	王辉	98	0	0	96	96.4		1309	翟立敏	95	0	0	85	87	
12	1300	吴玉清	95	0	0	74	78.2		1310	于洋	70	0	0	46	50.8	
13	各档成绩百分比: 平时成绩占20%; 期中成绩占0%; 实验成绩占0%; 期末成绩占80%															
14					**成 绩 总 结**											
15	应考人数	缺考人数	优秀		良好			70~79分		60~69分		59分及其以下			平均分	
16																
17					**期 末 成 绩 总 结**											
18	应考人数	缺考人数	优秀		良好			70~79分		60~69分		59分及其以下			平均分	
19																

图 3-3 利用公式计算总成绩

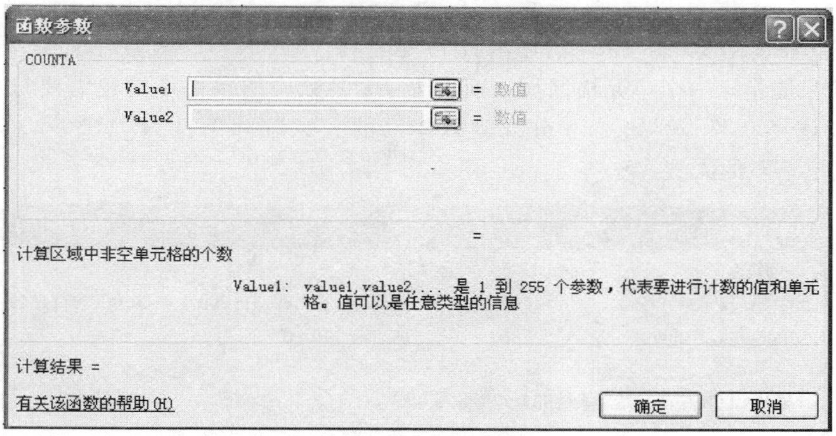

图 3-4 "COUNTA 函数"对话框

　　同理，统计成绩总结中的应考人数，在单元格 A16 中插入 COUNTA 函数，重复设置。此处不能复制单元格 A19 的公式，否则统计会出现错误，除非单元格区域改为绝对引用 ＄B＄3：＄B＄12 和 ＄J＄3：＄J＄12。

　　（4）统计"缺考人数""优秀""良好""70～79 分""60～69 分"和"59 分及其以下"。以期末成绩总结为例，缺考人数的计算可以使用 COUNTA 函数，"优秀"及"59 分及给定条件"的人数统计可以使用 COUNTIF 函数。COUNTIF 函数用于计算某个区域中满足给定条件的单元格数目。"良好""70～79 分"和"60～69 分"的人数统计因为包含两个条件，就需要使用 COUNTIFS 函数了。COUNTIFS 函数用于统计一组给定条件所指定的单元格数，条件大于 1 个的时候使用。

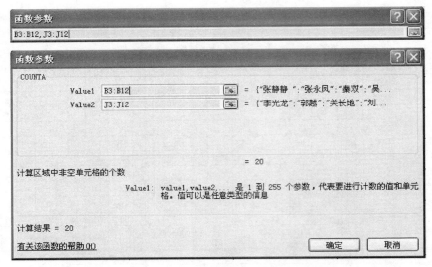

图 3-5 COUNTA 函数参数的设置

统计优秀人数，在单元格 C19 中插入 COUNTIF 函数，如图 3-6 所示。在 Range 参数中指定一个单元格区域 F3：F12，在 Criteria 参数中给定条件为"＞＝90"，就可以统计出成绩单中左半部分学生中的优秀人数。此外，需要利用公式再加上右半部分学生中的优秀人数，因此可以在单元格 C19 中输入 "＝COUNTIF（F3：F12,"＞＝90"）＋COUNTIF（N3：N12,"＞＝90"）"。因此可见，在 COUNTIF 函数中，需要注意的是 Range 参数只能指定一个单元格区域，而 Criteria 参数中的条件设置也需要符合 Excel 的要求，需要认真思考。例如"59 分及其以下"的人数统计条件为"＜60"，从而统计出"59 分及其以下"的人数。

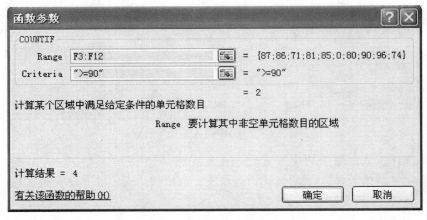

图 3-6 COUNTIF 函数参数的设置

而"60～69 分"的人数统计条件 1 为"＞＝60"，条件 2 为"＜70"，因此需要用到 COUNTIFS 函数。统计期末成绩中的 "60～69 分"的人数，在单元格 J19 中插入 COUNTIFS 函数，在弹出的函数参数对话框中输入单元格区域和条件，如图 3-7 所示。注意两个条件对应的单元格区域是一致的，这样就可以得出成绩单中左半部分学生中的

"60～69 分"的人数了。

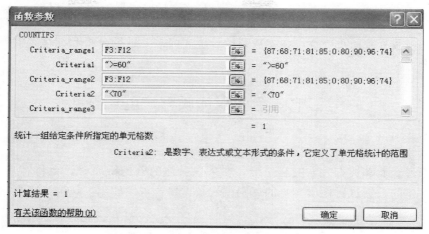

图 3-7 COUNTIFS 函数参数的设置

此外，还需要利用公式再加上右半部分学生中"60～69 分"的人数，因此可以在单元格 C19 中输入"＝COUNTIFS(F3：F12,">＝60",F3：F12,"<70")＋COUNTIFS(N3：N12,">＝60",N3：N12,"<70")"。

同理，可以统计出"期末成绩总结"中的"良好"及"70～79 分"的人数。注意条件的设置和单元格区域的选择。

同样的方法计算统计出"成绩总结"中的各项数据，不能直接复制公式，但可以复制相对应项目单元格中的内容，进而修改公式中的单元格区域即可。从而就得出了完整的期末成绩单，如图 3-8 所示。可以修改原始数据，从而体会利用公式和函数计算出来的数据的自动变化。

	A	B	C	D	E	F	G	H	I	J	K	L	M	N	O	P
1	**学校课程成绩单															
2	学生学号	学生姓名	平时	期中	实验	期末	总成绩	标志	学生学号	学生姓名	平时	期中	实验	期末	总成绩	标志
3	1288	张静静	95	0	0	87	88.6		1301	李光龙	95	0	0	68	73.4	
4	1289	张永凤	90	0	0	68	72.4		1302	郭越	90	0	0	55	62	
5	1290	秦双	95	0	0	71	75.8		1303	关长地	95	0	0	78	81.4	
6	1291	吴琼	95	0	0	81	83.8		1304	刘忠	95	0	0	65	71	
7	1292	樊静妍	90	0	0	85	86		1305	陈宗堂	98	0	0	70	75.6	
8	1293	杨广杰	0	0	0	0	0	缺考	1306	张凤举	85	0	0	73	75.4	
9	1294	佟真	88	0	0	80	81.6		1307	杜朋超	90	0	0	82	83.6	
10	1298	孟晓丹	85	0	0	90	89		1308	孟绍坤	80	0	0	85	84	
11	1299	王辉	98	0	0	96	96.4		1309	翟立敏	95	0	0	92	92.6	
12	1300	吴玉清	95	0	0	74	78.2		1310	于洋	70	0	0	46	50.8	
13	各档成绩百分比：平时成绩占20%; 期中成绩占0%; 实验成绩占0%; 期末成绩占80%															
14	成 绩 总 结															
15	应考人数	缺考人数	优秀		良好		70-79分		60-69分		59分及其以下			平均分		
16	20	1	2		8		7		1		2			75.08		
17	期 末 成 绩 总 结															
18	应考人数	缺考人数	优秀		良好		70-79分		60-69分		59分及其以下			平均分		
19	20	1	3		6		5		3		3			74.09		

图 3-8 完成的期末成绩单

五、实例总结

通过对期末成绩单的数据处理分析，可以体会到 Excel 2010 公式和函数的快捷方便，同时认识到函数参数的重要性，在参数条件设置方面需要进行分析和细化，需要多次尝试和细心体会。

第二节　企业对优质客户的筛选

一、实例导读

一般来说企业都拥有一定的客户群，在采取具体的营销策略时，会将客户进行细分，因此根据具体的数据进行优质客户的甄别就比较重要，可以使用 Excel 2010 的高级筛选功能来达到这个目的。

二、实例分析

以银行信用卡客户业务数据为例，如图 3-9 所示，可以根据客户刷卡次数大于多少、交易金额大于多少、是否按时还款等一个或多个条件设置来筛选出优质客户。

	A	B	C	D	E
1	信用卡卡号	客户姓名	刷卡次数	交易金额	是否按时还款
2	1001	张凤	1	230.25	是
3	1002	秦莹	5	890.55	是
4	1003	李江宇	14	3008.25	是
5	1004	孟飞	3	582.65	否

图 3-9　银行信用卡客户业务数据

三、技术要点

如果需要进行筛选的数据表中的字段比较多，筛选条件又比较复杂，则使用自动筛选就显得很麻烦，这时就可以使用高级筛选功能对数据进行筛选，从而简化筛选工作，提高工作效率。高级筛选是自动筛选功能的升级，它可以将自动筛选的定制格式改为自定义格式，不但可以设置多个筛选条件，而且可以将筛选结果复制到其他位置上。

自动筛选是根据字段名右侧的下拉列表中的选项进行筛选，而使用高级筛选必须先建立一个条件区域，用来指定筛选数据所需满足的条件。条件区域允许设置复杂的筛选条件。需要注意的是，条件区域和数据表不能连在一起，必须用一个空行或空列将其隔开，并且一个条件区域通常要包含两行，至少有两个单元格，第一行中的单元格用来指定字段名称，第二行中的单元格用来设置对于该字段的筛选条件。

在设置筛选条件时可以分为以下两种情况：

（1）不含单元格引用的高级筛选。筛选条件不包含单元格引用，如">800"。条件区域的标题必须填写与数据区域标题相同的名称，填写其他的任何名称或不填都会产生错误结果，通常可以将数据区的标题复制到条件区，以免输入失误，造成筛选结果出错。

（2）包含单元格引用的高级筛选。筛选条件包含单元格引用，如"=C2>800"。值得注意的是，条件区域标题不能使用数据区域中的标题，可以任意填写或者不填。条件区域标题虽然可以不填，但在选择条件时却不能不选。必须把筛选条件的上一个单元格一并选中。

在此例中，我们假定第一次筛选出刷卡次数超过 3 次，并且交易金额大于 500，而且是按时还款的客户，3 个条件缺一不可；第二次筛选出刷卡次数超过 3 次，或交易金额大于 500，但都是按时还款的客户，因此属于多个条件的综合筛选，条件区的设置比较重要。

四、操作步骤

1. 采用不含单元格引用的高级筛选方法

第一次筛选：刷卡次数超过 3 次并且交易金额大于 500，而且是按时还款的客户。首先设置条件区。在数据区域下方空一行或多行，设置条件区，如图 3-10 所示，3 个数据标题可以复制过来。

	A	B	C	D	E
1	信用卡卡号	客户姓名	刷卡次数	交易金额	是否按时还款
2	1001	张凤	1	230.25	是
3	1002	秦莹	5	890.55	是
4	1003	李江宇	14	3008.25	是
5	1004	孟飞	3	582.65	否
6	1005	蒋伟	5	300.2	是
7					
8					
9	条件区				
10	刷卡次数	交易金额	是否按时还款		
11	>3	>500	是		

图 3-10 条件区的设置

然后点击"数据"菜单下的"排序和筛选"项目里的"高级"按钮打开"高级筛选"对话框，如图 3-11 所示，筛选结果可以选择"在原有区域显示筛选结果"或"将筛选结果复制到其他位置"，在此例中选择"将筛选结果复制到其他位置"，从而可以和原始数据作比较。然后指定列表区域、条件区域和复制到区域，注意条件区域为 Sheet1!＄A＄10：＄C＄11，并没有包括条件区单元格 A9。

	A	B	C	D	E	F	G	H
1	信用卡卡号	客户姓名	刷卡次数	交易金额	是否按时还款			
2	1001	张凤	1	230.25	是			
3	1002	秦莹	5	890.55	是			
4	1003	李江宇	14	3008.25	是			
5	1004	孟飞	3	582.65	否			
6	1005	蒋伟	5	300.2	是			
7								
8								
9	条件区							
10	刷卡次数	交易金额	是否按时还款					
11	>3	>500	是					
12								
13								
14								
15								
16								
17								
18								

高级筛选

方式
○ 在原有区域显示筛选结果(F)
◉ 将筛选结果复制到其他位置(O)

列表区域(L)：　Sheet1!$A$1:$E$6
条件区域(C)：　.!$A$10:$C$11
复制到(T)：　　.!$A$13:$E$21

☐ 选择不重复的记录(R)

确定　　取消

图 3-11 "高级筛选"对话框

最后点击"确定"就可以筛选出符合条件的记录了。

第二次筛选：刷卡次数超过 3 次或交易金额大于 500，但都是按时还款的客户。刷卡次数超过 3 次或交易金额大于 500，但都是按时还款的条件包括三种情况：刷卡次数>3、交易金额>500、是按时还款；刷卡次数>3、交易金额<=500、是按时还款；刷卡次数<=3、交易金额>500、是按时还款，因此条件区设置为如图 3-12 所示。在此一定要注意条件的细化。

	A	B	C	D	E
1	信用卡卡号	客户姓名	刷卡次数	交易金额	是否按时还款
2	1001	张凤	1	230.25	是
3	1002	秦莹	5	890.55	是
4	1003	李江宇	14	3008.25	是
5	1004	孟飞	3	582.65	否
6	1005	蒋伟	5	300.2	是
7	1006	赵明	2	800	是
8					
9	条件区				
10	刷卡次数	交易金额	是否按时还款		
11	>3	>500	是		
12	>3	<=500	是		
13	<=3	>500	是		

图 3-12　高级筛选"条件或"时的设置

然后点击"数据"菜单下的"排序和筛选"项目里的"高级"按钮打开"高级筛选"对话框，同样选择"将筛选结果复制到其他位置"，然后指定列表区域、条件区域和复制到区域，仍然注意条件区域的选定，不包括单元格 A9。

2. 采用包含单元格引用的高级筛选方法

第一次筛选的条件设置为条件区下面空一行，然后在单元格 A11 中输入"=C2>3"，返回为"TRUE"，在单元格 B11 中输入"=D2>500"，返回为"FALSE"，在单元格 E11 中输入"=E2="是""，返回为"TRUE"。注意输入条件公式返回的结果不影响筛选结果。然后点击"数据"菜单下的"排序和筛选"项目里的"高级"按钮打开高级筛选对话框，同样选择将筛选结果复制到其他位置，然后指定列表区域、条件区域和复制到区域，仍然注意条件区域的选定，不包括单元格 A9，但是包含 3 个条件上面的空单元格。

第二次筛选的条件设置为条件区下面空一行，然后在单元格 A11 中输入"=C2>3"，在单元格 B11 中输入"=D2>500"，在单元格 E11 中输入"=E2="是""；在单元格 A12 中输入"=C2>3"，在单元格 B12 中输入"=D2<=500"，在单元格 E12 中输入"=E2="是""；在单元格 A13 中输入"=C2<=3"，在单元格 B13 中输入"=D2>500"，在单元格 E13 中输入"=E2="是""，如图 3-13 所示。

然后点击"数据"菜单下的"排序和筛选"项目里的"高级"按钮打开高级筛选对话框，同样选择将筛选结果复制到其他位置，然后指定列表区域、条件区域和复制到区域，仍然注意条件区域的选定，不包括单元格 A9，但是包含 3 个条件上面的空单元格。

	A	B	C	D	E
1	信用卡卡号	客户姓名	刷卡次数	交易金额	是否按时还款
2	1001	张凤	4	230.25	是
3	1002	秦莹	5	890.55	是
4	1003	李江宇	14	3008.25	是
5	1004	孟飞	3	582.65	否
6	1005	蒋伟	5	300.2	是
7	1006	赵明	6	800	是
8					
9	条件区				
10					
11	TRUE	FALSE	TRUE		
12	TRUE	TRUE	TRUE		
13	FALSE	FALSE	TRUE		

图 3-13　带单元格引用的条件区设置

五、实例总结

通过高级筛选可以自定义设置多个条件筛选出符合条件的客户，因此非常灵活快捷，但是对条件的分析要求比较高，通过以上分析可以看出，"条件与"是几个条件设置在同一行，"条件或"是几个条件设置在不同行。

第三节　总店对各分店运营数据的统计

一、实例导读

总店经常需要汇总统计各分店运营数据，而 Excel 2010 的合并计算为其提供了极大的方便。

二、实例分析

如图 3-14 所示，显示出各分店每季度的商品销售数据，总店需要对各分店的商品销售情况进行汇总，可以利用 Excel 2010 的合并计算功能来完成。

	A	B	C	D	E
1	各分店分季度商品销售量				
2		商品1	商品2	商品3	商品4
3	第1季度	1256	2054	2568	3148
4	第2季度	1023	2213	2601	3025
5	第3季度	1198	2157	2578	3109
6	第4季度	1275	2169	2623	3200

图 3-14　各分店分季度商品销售数据

三、技术要点

Excel 提供了以下 4 种方式来合并计算数据：

（1）按位置合并计算，即将源区域中相同位置的数据汇总，利用这种方式可以合并来自同一模板创建的一系列工作表。

71

（2）按分类合并计算，当源区域中没有相同的布局时，则采用分类方式进行汇总，这种方式会对每一张工作表中具有相同标志的数据进行合并计算。

（3）使用三维公式进行合并计算，三维公式是指同时引用了多张工作表中的单元格的公式，这种方法对数据源区域的布局没有限制，可以将合并计算更改为需要的方式，当更改源区域中的数据时，合并计算将自动进行更新。这是4种方式中最为灵活和常用的一种。

（4）通过生成数据透视表进行合并计算，这种方式可以根据多个合并计算的数据区域创建数据透视表，类似于按分类合并计算，但这种方式可以重新组织分类，从而具有较强的灵活性。

在此例中我们利用第1种方法按位置合并计算，该方法简单清晰。

四、操作步骤

首先，将各分店的营业数据整理好，每个分店占据一个 sheet 表。

其次，按照同样格式建立合并计算空白数据表，点击"数据"菜单下的"数据工具"项目里的"合并计算"，弹出"合并计算"对话框，如图3-15所示。

在函数中选择"求和"，引用位置指定各分店业务数据并"添加"到"所有引用位置"，注意此处是绝对引用，但是不包含标题行和第一列。当各分店的数据变动时，合并计算的数据也要变动，因此选中"创建指向源数据的链接（S）"，然后点击"确定"按钮就可以了。

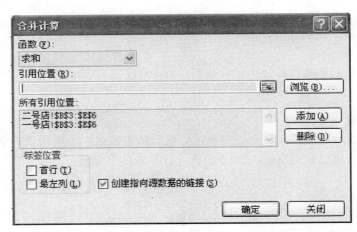

图3-15　"合并计算"对话框

五、实例总结

本例中各分店数据格式统一，建立快捷，通过利用合并计算，可以非常容易地计算出各分店的销售汇总情况，便于总店迅速掌握整体情况，从而进行及时的调整。

第四节　图表的具体应用

一、实例导读

日常办公中，经常会用统计数据来说明具体情况，相比较于数字数据，用图表来显示会使得数据更直观，更有说服力。本例利用 Excel 2010 的图表功能，生动地展示统计数据。数据图表就是将单元格中的数据以各种统计图表的形式显示，使得数据更直观。当工作表中的数据发生变化时，图表中对应项的数据也自动变化。

二、实例分析

本例以第三方支付服务业的具体数据为例，如图 3-16 和图 3-17 所示。

	A	B	C
1	2005—2012年中国第三方互联网支付市场交易规模		
2	时间	交易额（亿元）	增长率
3	2005	152.2	
4	2006	386.8	
5	2007	725	
6	2008	2355.8	
7	2009	5550	
8	2010	10858	
9	2011	21610	
10	2012	38039	

图 3-16 2005—2012 年中国第三方互联网支付市场交易规模

	A	B
1	2012年第三方互联网支付的市场份额	
2	企业名称	市场份额
3	支付宝	46.60%
4	财付通	20.90%
5	银联网上支付	11.90%
6	快钱	6.20%
7	汇付天下	6.00%
8	易宝支付	3.50%
9	环迅支付	3.20%
10	其他	1.70%
11	合计	

图 3-17 2012 年第三方互联网支付的市场份额

在图 3-16 中，既考察了 2005—2012 年中国第三方互联网支付市场交易额，又计算了 2006—2012 年交易额的增长率，显示了两个变量的变动，可以利用 Excel 2010 的柱形图和折线图来表示。在图 3-17 中，显示了 2012 年中国第三方互联网支付的市场份额，每个企业的市场份额具有明显区别，但是合起来是 100%，可以使用 Excel 2010 的饼图来显示，从而一目了然。

三、技术要点

（1）Excel 中的图表分两种：一种是嵌入式图表，它和创建图表的数据源放在同一张工作表中，打印的时候也同时打印；另一种是独立图表，它是一张独立的图表工作表，打印时与数据表分开打印。

（2）在对图表进行设置或格式化时，横轴和纵轴数据系列的选取以及坐标轴、网格线、数据格式、数据标签和图标区域的设置，都需要细心尝试，选取合适的设置。

四、操作步骤

（1）根据图 3-16 的数据创建图表。

1）输入公式，计算出历年增长率。在单元格 C4 中输入"=(B4－B3)/B3"，计算出 2006 年相对于 2005 年的增长率，然后设置单元格格式，如图 3－18 所示，在数字标签中选择百分比栏，小数位数保留 2 位。

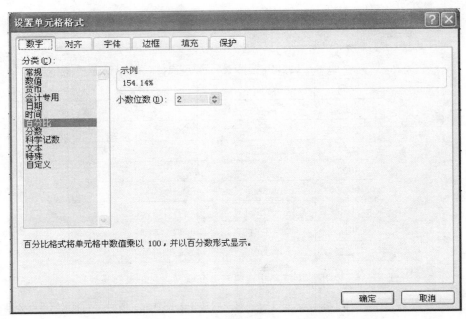

图 3-18　设置单元格数字格式

2）选定用于创建图表的数据区域，或单击其中的任一单元格，单击"插入"菜单，在"图表"项目中点击合适的图表类型，在此例中选择柱形图中的"三维簇状柱形图"，可以得到如图 3－19 所示的柱形图。

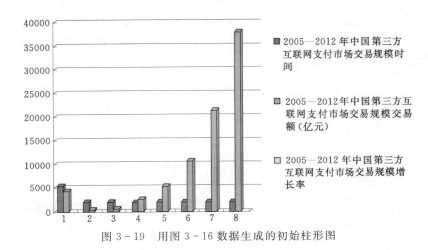

图 3-19　用图 3-16 数据生成的初始柱形图

在图 3-19 所示的柱形图中，我们对比图 3-16 的数据，发现我们想看到的是历年的交易额和增长率的变动，而图中没有显示出清晰的时间，应该在横轴上显示时间，第二个问题是增长率的变动非常不清晰，原因是纵轴上数据刻度比较大，因此可以分成两个图来显示。

3）修改柱形图。在柱形图区域中单击右键，选择"选择数据"，弹出"选择数据源"对话框，如图3－20所示。

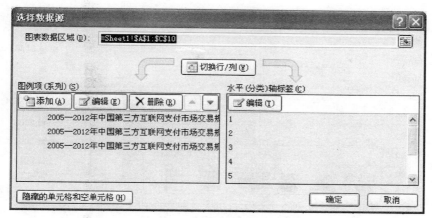

图3－20　"选择数据源"对话框

在"水平（分类）轴标签"中点击"编辑"，选取数据区域为时间列：＝Sheet1！＄A＄2：＄A＄10；在"图例项（系列）"中删除时间列和增长率列，就可以得到横轴为时间，纵轴为交易额的柱形图了。在柱形图区域中单击右键，选择"添加数据标签"，就可以为各个柱形添上数值，还可以设置"数据标签格式"；如果觉得柱形图的颜色比较单一，也可以单击右键，选择"设置数据系列格式"，弹出如图3－21所示的对话框。

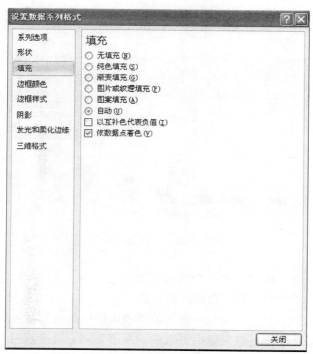

图3－21　"设置数据系列格式"对话框

在"设置数据系列格式"对话框的"填充"项目中可以选择"依数据点着色",就可以得到不同颜色的柱形图了,如图 3-22 所示。

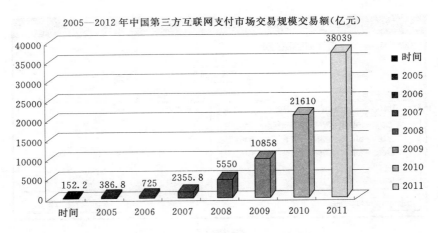

图 3-22 修改后的柱形图

通过对图 3-22 认真分析,发现在横轴上时间和交易额的对应出现错误,前面选择数据操作中在"水平(分类)轴标签"中点击编辑时,选取数据区域为时间列:=Sheet1!＄A＄2:＄A＄10,不应该包括单元格 A2,重新为横轴选取数据区域:=Sheet1!＄A＄3:＄A＄10,就可以得到正确的柱形图了,如图 3-23 所示。

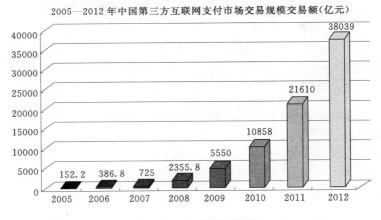

图 3-23 交易额柱形图

如果觉得还有问题,还可以进一步进行修改或格式化,对图例、坐标轴、数据标签、网格线及图表区域格式进行设置,在此不再赘述。

以上是选取"时间"和"交易额"两列数据做出的柱形图,同理可以利用图 3-16 中的"时间"和"增长率"两列数据做出折线图,如图 3-24 所示,同样需要注意水平轴的数据选择。

图 3-24 增长率折线图

（2）根据图 3-17 的数据创建图表。

1）在单元格 B11 中输入求和函数"=SUM（B3：B10）"，计算出整个市场份额。

2）选定用于创建图表的数据区域，或单击其中的任一单元格，单击"插入"菜单，在"图表"项目中点击合适的图表类型，在此例中选择饼图中的"二维饼图"，则可以得到如图 3-25 所示的饼图。

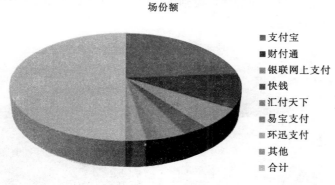

图 3-25 饼图初始图

通过观察这个图，我们会发现数据重复计算了，合计不需要显示，因此需要调整图表数据区域的选定，单击右键，选择"选择数据"，弹出"选择数据源"对话框，重新选择图表数据区域就可以了。

如果觉得图名不合适，可以单击该区域的文本框进行修改，并且设置图例、坐标轴、数据标签、网格线、图表区域格式，在此例中可以加上数据标签，并且添加类别名称。因此单击右键，添加数据标签，然后单击右键选择"设置数据标签格式"，打开对话框如图 3-26 所示。

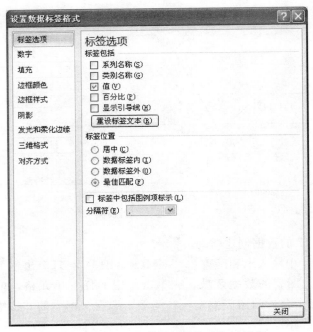

图 3-26　"设置数据标签格式"对话框

在"标签选项"中进一步选中类别名称和显示引导线，在"标签位置"中选中最佳匹配，从而使得各项数据显得更加清楚，得到图 3-27，可以对比图 3-25 和图 3-27，从中可以体会图表格式化的作用。

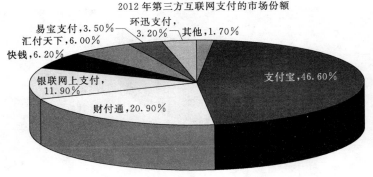

图 3-27　修改后的饼图

以上方法创建的图表和数据区域是在一个工作表中，可以通过"移动图表"将创建的图表变为独立的图表工作表，以图 3-27 饼图为例，具体步骤如下：单击选中图表，单击"设计"菜单"位置"中的"移动图表"命令，弹出"移动图表"对话框如图 3-28 所示。在该对话框中选中"新工作表"，就可以将创建的图表变为独立的图表工作表了。

五、实例总结

利用数据可以创建生动的图表，从而更直观和更加具有说服力。灵活掌握 Excel 2010

图 3 - 28　"移动图表"对话框

图表修改和格式化功能，将会创建出丰富多彩的图表。

第五节　单变量求解

一、实例导读

通常情况下，根据已知的数据可以通过建立公式来计算出某个结果，但有时会遇到已经知道某个公式的结果，反过来求公式中某个变量的值的情况。这时就会用到 Excel 2010 中的单变量求解功能。

二、实例分析

例如：已知目前的总金额为 20000 元，5 年后金额总数为 25000 元，想求年利率是多少？下面以此例来讲解单变量求解的具体内容。

三、技术要点

单变量求解是 Excel 2010 中数据工具里模拟运算中的一种，它是在知道初始数据、计算公式和结果的情况下，推算某个变量。需要注意的是目标值和推算出来的变量计算结果可能会有误差。

四、操作步骤

创建一个工作表，在工作表的单元格中输入下列内容如图 3 - 29 所示。

在单元格 B4 输入公式 "$=20000*(1+B3)^5$"，此时在表格中利用公式计算出了 5 年后的金额总数为 25525.63 元，在下列单元格中输入如下内容：E2 为 "20000"，E4 为 "25000"，F3 为 "$=20000*(1+E3)^5$"。

选中单元格 F3，单击 "数据" 菜单 "数据工具" 中 "模拟运算" 下的 "单变量求解"，弹出 "单变量求解" 对话框如图 3 - 30 所示；在该对话框的 "目标单元格" 文本框中指定为 F3，因为选择了该单元格，所以在该文本框中会自动显示 F3。在 "目标值" 文本框中输入 "25000"，在 "可变单元格" 文本框中选定 E3，可变单元格求出的数值即是单变量的解，单击 "确定" 按钮，弹出 "单变量求解状态" 对话框如图 3 - 31 所示。

在该对话框中显示了计算的结果信息，在此例中 "当前解" 为 25000.00008 接近于 "目标值"，精度比较高，单击 "确定" 按钮，最后的运行结果年利率为 4.56％，小数点后默认两位，如果改为三位的话，则年利率为 4.564％。

图 3-29　单变量求解的基础数据

图 3-30　"单变量求解"对话框

在单变量求解过程中，重点是在某个单元格（例如 F3）中输入既定的公式，公式中包含某个变量所在的单元格名称（例如 E2），而公式所在的单元格作为目标单元格，可变单元格为某个变量所在的单元格。

五、实例总结

从中可以看出，利用单变量求解可以快速找出接近符合计算结果的变量值，可以增加设置小数点后的位数来更加接近于目标值。

图 3-31　"单变量求解状态"对话框

第六节　规 划 求 解

一、实例导读

单变量求解只能计算出某一个特定值，当要预测的问题含有多个变量或有一定取值范围时，单变量求解就无法求得计算结果。为了解决这一问题，Excel 2010 提供了规划求解功能。

二、实例分析

如图 3-32 所示，某一商家每件上衣可以赚 10 元，每条裤子可以赚 20 元，如果该商家每天最多可以卖出的上衣不能超过 20 件，裤子不能超过 10 条，总件数不能超过 25 件时，那么他每天卖出多少上衣和裤子才能使得利润最大化？要解决这个问题，就需要用到 Excel 2010 规划求解功能了。

	A	B	C	D
1	利用规划求解求最大利润			
2		上衣<=20	裤子<=10	总件数
3	最大利润销售量			
4	利润	10	20	
5	总利润			

图 3-32　规划求解基础数据

三、技术要点

（1）规划求解是一种加载宏，在使用前需确定其已经被安装到了用户的计算机上，如果在"可用加载宏"框中找不到规划求解加载项，则可能需要安装该加载项。

（2）在约束条件设置时，注意单元格的选定，条件要细化清楚。

四、操作步骤

（1）调出规划求解加载项。单击"文件"菜单下的"选项"，弹出"Excel 选项"对话框，选中"加载项"类别，显示如图 3-33 所示。

图 3-33 "Excel 选项"对话框

查看加载项里有没有"规划求解加载项"，若有，选中它，然后在"管理"框中，单击"Excel 加载项"，单击"转到"，弹出"加载宏"对话框，如图 3-34 所示。

在"可用加载宏"框中，选中"规划求解加载项"，然后单击"确定"。"规划求解"就显示在"数据"菜单下"分析"项目中了。

（2）规划求解。在图 3-32 所示的工作表中，在单元格 B5 中输入利润公式"=10 * B3 +20 * C3"，在单元格 D3 中输入总件数公式"=B3+C3"。

然后单击"数据"菜单下"分析"项目中的"规划求解"，弹出"规划求解参数"对话框，如图 3-35 所示。

在该对话框的"设置目标"文本框中输入或选定"＄B＄5"，选中"最大值"单选按钮，并在"通过更改可变单元格"文本框中输入或选定和公式相关的单元格名称，单元格之间用逗号加以区分。在此例中输入或选定"＄B＄3，＄C＄3"，图 3-35 中显示的遵守约束里的条件是系统根据原始数据默认的，需要删除，单击"添加"按钮，弹出"添加约束"对话框如图 3-36 所示。

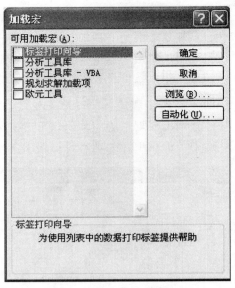

图 3-34 "加载宏"对话框

在该对话框中添加变量的约束，方法为单击"单元格引用"下方的文本框右侧的 ![按钮] 按钮，用鼠标选中一个单元格，这时该单元格的地址将添加到"单元格引用"文本框中，在其后的下拉列表中选择约束条件，在"约束值"文本区中输入约束值，每次设定一个约束后需要单击"添加"按钮，从而将该约束加入到"规划求解参数"对话框中。在本例中设置约束条件为：＄B＄3>=0，＄B＄3<=20，＄C＄3

图 3-35 "规划求解参数"对话框

>=0，＄C＄3≤10，＄D＄3≤25。当依次添加完约束时，单击"确定"按钮，返回到"规划求解参数"对话框，如图3－37所示。

图3－36 "添加约束"对话框

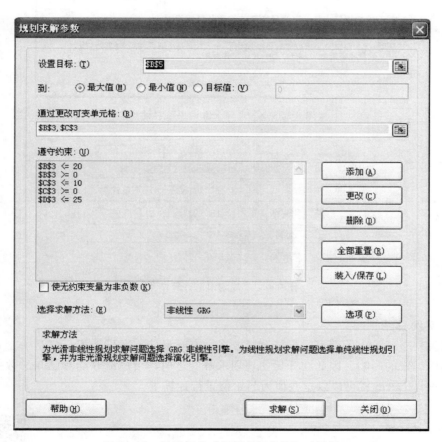

图3－37 设置好的"规划求解参数"对话框

单击"求解"按钮，弹出"规划求解结果"对话框如图3－38所示。

单击"确定"按钮后将重新进行计算，计算结果如图3－39所示。

从图3－39中，我们可以看出当上衣和裤子总件数不超过25件、上衣不超过20件、裤子不超过10条时，卖出15件上衣和10条裤子可以达到利润最大化。在此例中找到一个解，并且满足所有的约束及最优情况。

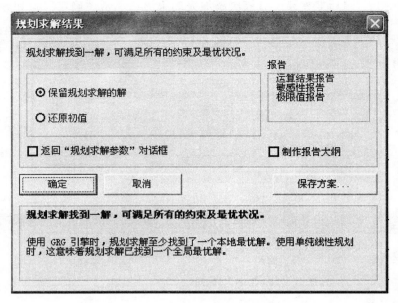

图 3-38　"规划求解结果"对话框

	A	B	C	D
1	利用规划求解求最大利润			
2		上衣<=20	裤子<=10	总件数
3	最大利润销售量	15	10	25
4	利润	10	20	
5	总利润	350		

图 3-39　规划求解计算结果

五、实例总结

利用规划求解求出了商家的最佳营销方案，有时最佳方案可能不仅仅是一个，而且还要受到其他因素的影响，因此在开始"规划求解"之前，用户最好能对已知的数据进行预先设定，这样 Excel 就可以以这些值为起始值进行计算了。

扫码查看实验 3

第四章　PowerPoint 2010 应用

PowerPoint 2010 是微软公司推出的 Microsoft Office 套装软件中的一个组件，但它和 Office 其他组件有较大的不同。相信凡是制作过演示文稿的人大多都能了解 PowerPoint 的绝大部分功能，但是演示文稿最终制作出的效果却千差万别。做出一个 PowerPoint 演示文稿容易，做好却不是一件容易的事。做好 PowerPoint 最重要的是设计、表现和演说的统一。

本章主要介绍 PowerPoint 2010 演示文稿的设计、常用资源、框架和导航、风格版式以及特殊的输出方式。最后辅以案例加深对这些观点和技巧的理解。

第一节　关　于　PPT

对于 Office 办公组件而言，Word、Excel 和 PowerPoint 的学习要求是不尽相同的。总的来说，可以概括为 Word 要学会，Excel 要学懂，PowerPoint 要学好。这是因为对 Word 而言，都是在内容既定的情况下对其进行排版，对于大多数操作而言只要知道就能做出来，所以往往只有会与不会、熟与不熟的区别；对于 Excel 的使用除了常规使用外，还经常跟具体的业务要求相关，同样的功能要适应不同的业务要求，这就既要求对 Excel 要熟，还要求对业务要懂，是需要一定的灵活性的；而对于 PowerPoint（微软官方称之为演示文稿软件，简称 PPT），需要根据文稿内容、演示目的、受众情况等做出灵活处理，没有一定之规，没有对错之分，只有好坏之别，因此对 PPT 的要求就不仅仅是会功能操作，还要灵活处理，也就是要做到"好"，这其实对制作者提出了更高的要求。

尽管对于 PPT 而言，是见仁见智的问题，但还是有一定的原则可以遵循。

一个好的 PPT 演示文稿需要做到有明确的观点、清晰的逻辑、充实的内容、精致的展示，加上精彩的演绎，才能取得震撼的效果。PPT 演示文稿的效果主要依靠架构和内容（图 4-1）和页面元素的设计（图 4-2）。

下面介绍 PPT 制作的基本原则。

要制作一个好的 PPT，首先要进行策划。策划主要包括定位分析、受众分析、环境分析、文稿分析、素材搜集。

定位分析就是分析 PPT 用来做什么，按其功能目的主要分为工作报告、企业宣传、项目宣讲、培训课件、咨询方案、婚庆礼仪、竞聘演说、休闲娱乐。不同类型 PPT 的制作有其基本要求。

年终总结、项目总结、活动总结、课题和学习总结都可归为工作报告。工作报告一般

图 4 - 1　微软规范

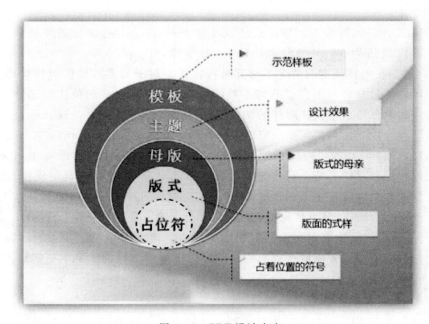

图 4 - 2　PPT 设计内容

要求用色传统、背景简洁、框架清晰、保留文字、画面丰富、图片较多、动画适当。所谓用色传统，一般采用科技蓝和中国红。除非有专用模板，一般可将蓝色用于商务和企业，中国红多用于党政机关。背景简洁是指背景一般由色块、线条以及点缀简单的图案组成，放置空间尽可能开阔。框架清晰一般包括前言或背景、实施情况、成绩与不足、未来规划等。有的时候报告的汇报人和制作人不是同一个人，这样适当保留文字可以减少汇报人因不熟悉内容导致的紧张感，还能应对一些深入提问。丰富的画面、较多的图片会给人内容饱满的感觉，还能增强说服力，这样的风格较受政府及事业单位的喜爱。适当的动画可以使得PPT变得更加鲜活，有利于理清思路、强化PPT的说服力。

除了工作报告，企业宣传、项目宣讲、咨询方案也是非常常用的一类演示文稿。企业宣传通常要求专业、直观、丰富、生动；项目宣讲要根据需要比如客户立场为其量身定做，尽可能做到具体，用数据说话，增强说服力。而咨询方案的受众往往是决策者，这就要求PPT做到结论清晰、推理严谨、画面简洁、有理有据。

受众分析主要是通过分析受众的年龄背景、职业背景、知识背景及文化背景，对演示文稿的色彩、质感、文字、结构、画面、风格和速度进行设计和搭配。

比如从职业背景来看，可按表4-1所对应的风格进行设计。

表4-1　　　　　　　　　　　　　针对不同职业的设计网格

项目	政府官员	国内老板	欧美老板	学校师生
色彩	浓重	浓重	清淡	浓重
质感	立体	立体	简洁	立体
文字	多	多	少	多
结构	连贯	连贯	连贯	跳跃
画面	严谨	严谨	活泼	活泼
风格	统一	统一	统一	多变
速度	慢	快	快	慢

环境分析是要分析文稿演示的场所，根据场所的不同作出适当权衡。如果是会场演示则通常是通过投影，内容与背景之间的对比度要尽可能增多，凸显主题和内容。汉字需14号以上为宜。如果是在剧院演示，因为观众视觉高度集中，因此要求画面生动、背景简洁、切换尽量频繁，还要减少文字，如果使用16：9的屏幕会有效增强演示的冲击力。

文稿分析就是怎样确定内容，通常要经过提炼核心观点、寻找思维线索、分析逻辑关系、剥离次要信息来确定演示什么。如果是有既有文稿来做参照，那么就要进行文稿分析，可以按照大标题、摘要、小标题、核心段落、正文的顺序，通过标题转换或者从核心段落提炼的方法拟出PPT的主要内容。如果没有文稿参考，也应当按照策划的逻辑框架搜集相关素材，提炼PPT框架。所谓寻找思维线索就是要对整个文稿各部分有一个系统的把握，确定重点和取舍。PPT是逐页演示，观众较难把握其逻辑思路，因此作为PPT的制作者需要理清逻辑关系并进行分解。要做到这一点，主要是分析各细节内容的重要性以及线索之间的逻辑和理性，同时考虑以什么样的形式体现其逻辑性，也就是PPT的导航框架。

对于PPT来讲，内容和表现形式缺一不可。确定好主要内容和逻辑关系后，就要考虑其表现形式了。对于非专业的PPT制作者而言，制作效果良好的PPT是一个长期积累的过程，需要不断搜集资料，从别人的作品中学习。这些资料主要包括模板、图表、图片、案例等。

搜集素材，一个重要的途径就是通过百度、谷歌等搜索引擎。除此之外就是一些专业网站也是素材搜集的重要来源。下面介绍一些常用的素材网站。

1．模板

（1）国内网站。

● www.rapidppt.com，锐普 PPT 模板独具中国特色，众多免费模板曾风靡中国；大量原创纯 PPT 动画模板是其又一特色。

● www.51ppt.com.cn，无忧 PPT，是中国最早的 PPT 素材网站之一，具有资源多、门类广的特点。

● www.ppthome.net，PPT 资源之家，资源丰富，各行各业，无所不包。

● www.pooban.com，扑奔 PPT，目前中国最活跃的 PPT 论坛，对中国 PPT 市场的影响力和推动作用与日俱增。

● www.1ppt.com，1PPT，综合 PPT 素材发布网站，部分精品模板需要收费下载。

（2）国外网站。

● www.presentationload.com，德国专业的 PPT 制作公司，欧美风格 PPT 模板的典型代表，模板、图表的风格简洁、大方。

● www.presentationpoint.com，比利时 PPT 制作公司，创始于 1998 年，品牌悠久，素材制作方面有些止步不前。

● www.animationfactory.com/en，美国老牌 PPT 素材提供商，网上经常出现的 2 张碟 969 套装的 PPT 模板素材就是他们的作品。其特长是 GIF 动画，有要变成一家动画公司的趋势。

● www.themegallery.com/English，在国内知名度最高的韩国 PPT 公司，模板和图表以立体水晶质感见长。

● www.poweredtemplates.com，美国 PPT 网站，设计精美，素材规模庞大，但图表制作粗糙。

2．案例

● www.authorstream.com，新兴的 PPT 案例演示和下载网站。可以实现案例的动画展示。

● pptheaven.mvps.org，该网站利用 PowerPoint 制作动画、游戏、艺术创作等提供模板和教程，展现了超越 PowerPoint 一般应用功能的全新应用模式，对启发制作思路大有裨益。

3．图片

● www.zcool.com.cn，站酷素材网，专门的精美图片、网页、图标素材网站。

● www.zhuoku.com，号称中国最好的壁纸站，其壁纸的主要特点不是多，而是总体较酷，适合做 PPT 背景。

PowerPoint 微软的官方名称叫演示文稿软件，简单地说它就是"演示"＋"文稿"，需要掌握的技术也就是这两个方面。

"演示"能力就是软件基础技能：基本的 PPT 软件学习、基础设计理论的学习、相关辅助软件的掌握（例如图片处理的 Photoshop，绘制矢量图形的 Illustrator 等）。

"文稿"能力就是讲故事的能力（就是怎么把一件事情讲清楚，面对不同的人、不同的场合，该用什么方式去讲，达到什么样的目的），这不是短时间内可以练就的，需要一定社会经验和工作经验的积累（同时也需要通过相关的学习来逐渐掌握和提升）。

只有完美融合"演示"＋"文稿"这两部分能力，才可以做出出色好用的 PPT。

制作好的 PPT 的一些建议如下：

（1）PowerPoint 软件操作必须掌握。需要掌握 PowerPoint 软件的精髓，对软件有更深切的理解，内容和形式同样重要。基础技能非常重要，如果基本的软件功能、技巧都掌握不好，内容的呈现完全只是空谈。

（2）一定要懂一些平面设计知识。虽然大多数人只是将 PPT 应用于日常工作，不需要太多专业的设计知识，也不需要刻意地从素描绘画学起，但 PPT 设计归根结底是平面设计知识的一种应用方式，如果能花一点时间去阅读一些基础的平面构成、立体构成、配色的书会帮助非常大。

第二节　框架与母版

一、幻灯片框架

合理清晰的框架是做好 PPT 的基础。在着手制作 PPT 之前，需要先对内容进行梳理，构思出 PPT 的结构图。一般的结构图如图 4-3 所示。

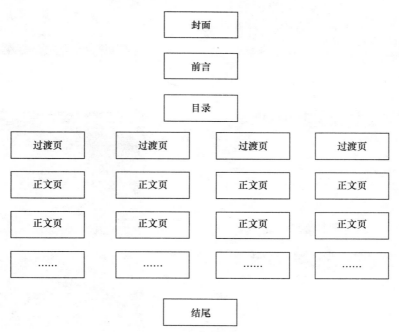

图 4-3　PPT 框架图

框架图表示的是 PPT 的逻辑结构，也就是构思演示将按照什么样的思路展开。通常采用的思路有说明式、罗列式、故事式和剖析式等。说明式一般采用树状结构，可包括封面、目录、过渡页、正文页和结尾。罗列式主要包括封面和内页，展示的逻辑思路需要靠演讲者把握。故事式是按照某些线索（如时间、地点）的变化设置不同场景，针对不同场景展开演示。剖析式是针对特定问题层层剖析、层层递进，以展开整个 PPT 的一种结构模式。

构思好框架图后，需要选取合理的导航形式。导航是 PPT 框架的形式体现。通常使用的导航形式有标准型、同步型、图表型和图画型等，如图 4-4～图 4-7 所示。

网页型导航，就像网页一样，上面有导航条，下面是正文，演示者可以单击相应的链接进入到不同的内容页，也可以随意跳转。这样就突破了 PPT 必须一页一页按顺序播放的瓶颈。

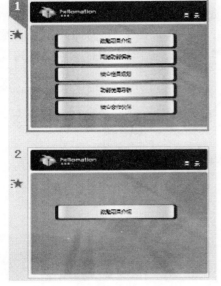

图 4-4　标准型

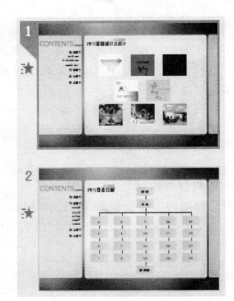

图 4-5　同步型

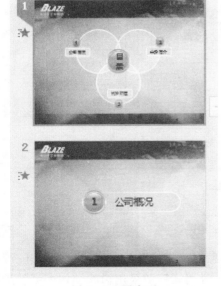

图 4-6　图表型

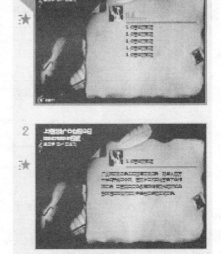

图 4-7　图画型

网页型和同步型制作过程由于有较多跳转和同步显示而较为复杂。图画型是整个 PPT 由一幅幅图画组成，没有明显的过渡，这对平面设计水平、图片素材、创意和演说技能要求很高，做不好容易显得画面单调，思路混乱。

二、编辑幻灯片母版

导航的实现需要通常依靠 PPT 的母版进行制作，并结合需要在常规视图中进行灵活调整。封面页、目录页、过渡页可以分别为其设置母版。

母版主要设置如图 4-8 所示的几种页面元素的格式。

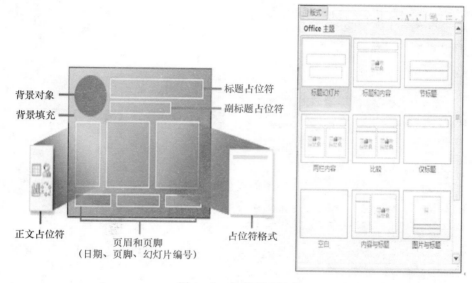

图 4-8　母版页面元素

打开视图/幻灯片母版视图（图 4-9）。

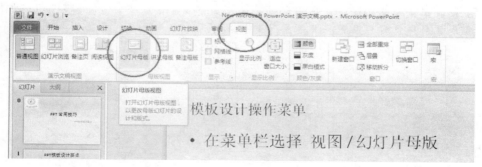

图 4-9　"视图"选项卡

将会看到如图 4-10 所示界面。

在这个界面中，主要是以下三张母版：

（1）第一张是正文母版，如每张幻灯片添加 logo，设置大标题的字体等。

（2）第二个是封面母版。第一次出现在正文母版的内容在也会显示在封面母版中，如不希望显示，可勾选隐藏背景图形，即可不显示正文母版的图，或手动在本章删除。

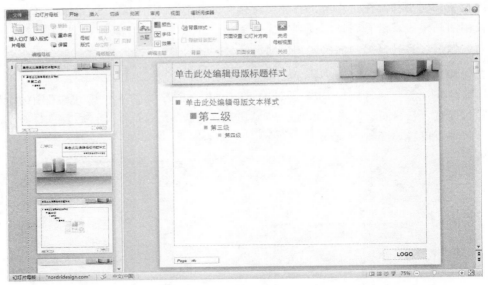

图 4-10　母版视图

（3）第三个是章节母版。制作后使用的时候需要在开始/版式中选择章节母版。

利用这几个母版，已经可以自定义母版了。

三、更换幻灯片模板

如果你想直接切换已有的模板，可以参照以下步骤更换模板。

（1）粘贴复制法。

第一步：复制公司 PPT 中的任意一张幻灯片粘贴到自己制作的幻灯片文章末尾（在粘贴选项中，打开下拉箭头，选择保留源格式，如图 4-11 所示）。

第二步：进入母版视图，可以看到两套母版，删除自己自定义的母版即可，如图 4-12 所示。

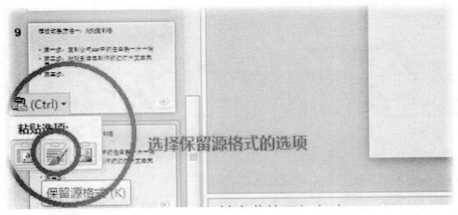

图 4-11　复制幻灯片

图 4-12　编辑母版

（2）使用主题切换（可切换内置或已保存的自定义主题）。

Office 2010 本身提供了很多主题，打开已有演示文稿，保存当前幻灯片的主题到默认目录，在自己的幻灯片中应用即可，如图 4-13 所示。

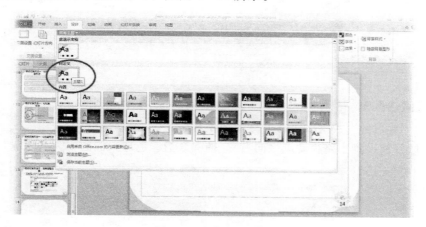

图 4-13　自定义主题

第三节　PPT　动　画

一、PPT 动画控制

PowerPoint 软件提供了"进入、退出、强调、路径"4 种动画制作方案，通过这些动画方案为对象添加动画非常简便，于是操作者会在一张幻灯片中为多个对象添加动画，这时一个棘手的问题随之出现，那就是如何控制动画对象的时间，根据制作者的要求展现动画。

"时间轴"存在于任何一个动画制作软件中，它是控制动画时间的必备工具，Flash、After Effects、Premiere 都在显著位置展现"时间轴"工具。PowerPoint 虽说是傻瓜化的软件，它也一样拥有"时间轴"，PowerPoint 2010 "时间轴"位置：功能区/动画/动画窗格。

PowerPoint 2003、2007 版本开启"时间轴"的方法：选择"自定义动画"面板中任意一个动画方案，单击右侧按钮"显示高级日程表"；2010 版本默认已开启"时间轴"（图 4 - 14）。

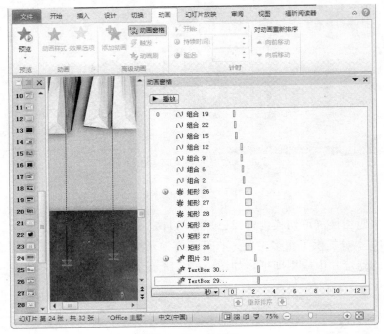

图 4 - 14 时间轴

二、时间轴案例

1. 通过"时间轴"控制 3 个向右运动的小球

3 个小球分别设置了路径动画（向右），椭圆 3 为绿色球，椭圆 4 为红色球，椭圆 5 为黄色球，如图 4 - 15 所示。

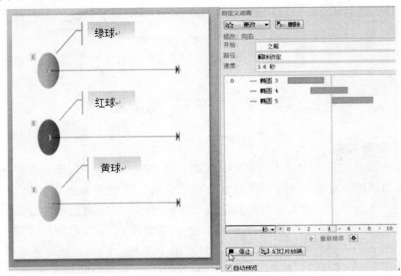

图 4 - 15 小球动画

要求一：绿色球向右运动的过程中红色球开始向右运动，红色球向右运动的过程中黄色球向右运动，最后 3 个小球在同一时间停下。

（1）设置 3 个小球的开始动画为"之前"，如图 4-16 所示。"之前"＝"同时"即 3 个小球同时开始动画。设置"之前"可自由拖拽时间块向前或向后，为下一步操作提供便利。

（2）拖拽时间块，如图 4-17 所示，完成操作。

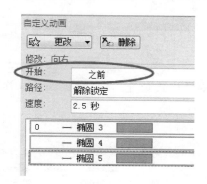

图 4-16 设定何时开始

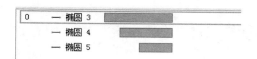

图 4-17 拖拽时间块

时间块拖动方法如下：

1）光标移至时间块右侧拖拽，可调整动画放映的时长，图 4-18 所示动画播放时长 4.9s。

2）光标移至时间块中部拖拽，可调整动画开始时间，图 4-19 所示动画开始于 1.1s。

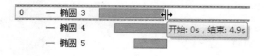

图 4-18 设定时间

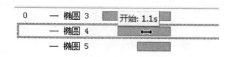

图 4-19 调整动画时间

要求二：绿色球和黄色球同时向右运动，当两球即将停止时，红色球迅速向右运动，最后红色球赶在绿色球和黄色球前停下。

（1）设置 3 个小球的开始动画为"之前"，"之前"＝"同时"，如图 4-20 所示。

（2）拖拽时间块，如图 4-21 所示完成操作。

判断 3 个小球运动方案：

如图 4-22 所示，单击鼠标后绿色球开始向右运动，在绿色球运动的过程中红色球开始向右运动，待绿色和红色球停止后，再次单击鼠标，黄色球开始向右运动。

重要提示：PPT 动画方案自上而下执行，并且以单击为节点。

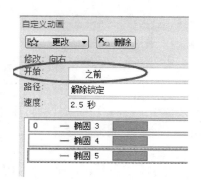

图 4-20 设置何时开始

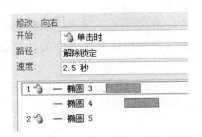

图 4 - 21　拖拽时间块　　　　　　图 4 - 22　设置开始时间

2. PPT 倒计时制作步骤

步骤 1：视图/幻灯片母版/右击，选择"设置背景格式填充"，将背景颜色更换为黑色，如图 4 - 23 所示。

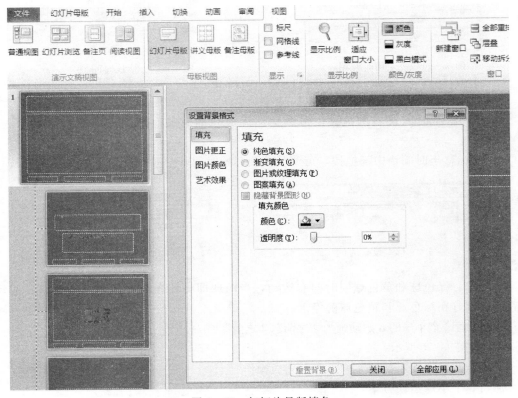

图 4 - 23　幻灯片母版填色

步骤 2：绘制胶片边缘，选择"插入/形状/圆角矩形/矩形填充"，边框颜色为白色，画出一个图形后再复制多个并排列成下述式样（为排列整齐可选择排列中的对齐功能），如图 4 - 24 所示。

步骤 3：绘制胶片边缘，排列完成后，退出母版，返回普通视图，如图 4 - 25 所示。

步骤 4：绘出正方形，设置边框颜色（白色）和填充颜色（灰色），在框内部绘出十字形（白色），如图 4 - 26 所示。

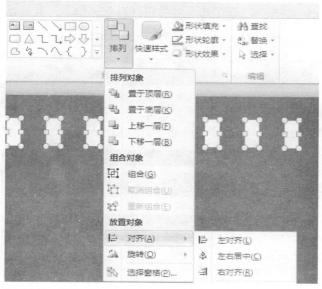

图 4-24　绘制圆角矩形

图 4-25　绘制胶片边缘

图 4-26　绘制正方形

步骤 5：绘出旋转圆（浅灰）和旋转棒，两个进行组合并置于白线下（可采用下移一层的方式，逐渐进行），选择"动画设置/强调（陀螺旋，360°，非常快），"如图 4-27 所示。注意：旋转圆高度与宽度值须一致，否则转动时会扭曲。

图 4-27 绘出旋转圆

步骤 6：绘出两个圆形，边框颜色（黑色，6 磅），无填充色，中间圆形，须包住旋转圆，如图 4-28 所示。

图 4-28 绘制两个圆形

步骤 7：输入数字，拷贝多份并更改数字，如图 4-29 所示。

图 4-29 拷贝多份后效果

步骤 8：选中需自动放映的页面，"切换""单击鼠标"前的对勾选去除，选中"在此之后自动设置动画效果"，如图 4 - 30 所示，例如 00:01.00。或可添加相应的音效。

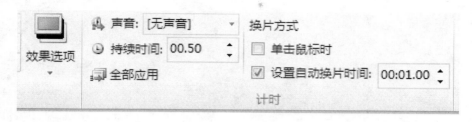

图 4 - 30　设置放映

第四节　版式和图表

简洁而不简单的设计，突破传统思维，制作别具一格的 PPT。要做到这一点，需要对幻灯片的版式和图表进行精心设计。

1. 留白

不少人觉得留白浪费空间，恰恰相反，留白可以更好地利用空间。很多高端设计钟情于留白，因为留白可以使观众的视觉焦点放在内容信息上，更易于突出主题、提升可读性与易读性、提高辨识度。留白并不指白色，而是环绕在主要信息周围的空白空间。

四周留白更能让观众目光聚焦于主题信息，如图 4 - 31 所示。

图 4 - 31　留白效果

留白不一定是白色，色块及渐变的留白一样有简洁的效果，如图 4 - 32 所示。

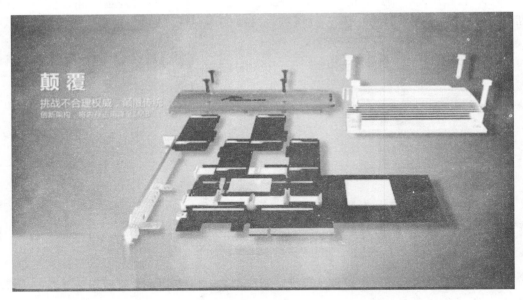

图 4 - 32　留白填色

2. 图片衬底

图片可以营造整个设计的氛围，可以解决文字怎么排都觉得简单的难题，选择和内容相关的图片，更能帮助表达内容信息。

让观众对演讲有个总体的概念，用相关主题图片做背景，与内容呼应，如图 4 - 33 所示。

图 4 - 33　增加整体感

清爽美好的背景处理，正是合力想传达的用户体验，如图 4-34 所示。

图 4-34 图片与主题呼应

3. 底纹装饰

如果觉得背景单一效果不佳，可以利用背景底纹来增强设计感。如果怕底纹抢了主题的风头，可以淡化处理，或形成众星捧月之势，烘托主题信息。

错落有致的底纹设计，不仅没破坏简洁度，还增强了画面的空间感，如图 4-35 所示。

图 4-35 淡化底纹

地图作底纹是 PPT 常用的手法，需要注意的是底纹要和内容相关。

4. 创意图形

常见的 PPT 排版形式容易给人单调没有设计感的印象，在设计版式不变的情况下，增加创意图形，可以增加画面的新鲜感，使整个设计富有创意。

一般介绍产品多是产品图片配以产品名称，比如在做产品目录的时候，把产品信息做圆形结构化处理，增强视觉冲击力，如图 4 - 36 所示。

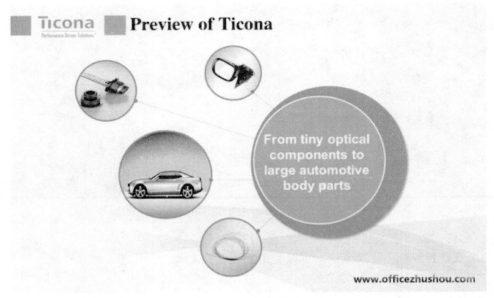

图 4 - 36　创意设计

胶片形式来表达技术的发展，很有时间感，如图 4 - 37 所示。

图 4 - 37　特殊表现形式

5. 背景虚化

背景模糊处理，让画面通透，突出主题，既简洁又有设计感。在 PPT 的设计中，这种形式非常好用。

好的观众体验需要背景和文字完美结合，如图 4-38 所示。

图 4-38 背景文字结合

模糊处理地图的其他信息，让主要信息更突出。

6. 色块碰撞

色块的设计随着扁平化的兴起，越来越受 PPT 爱好者的欢迎，方块元素的 Metro 风也常常使用色块设计。在简洁方面，色块的使用可以让设计更出色。

企业 Logo 的蓝与产品主色的橙撞色搭配，体现企业形象的同时，让人眼前一亮，如图 4-39 所示。

图 4-39 色块碰撞

深蓝与嫩绿在 PPT 中多做点缀，大色块使用起到意想不到的效果，如图 4-40 所示。

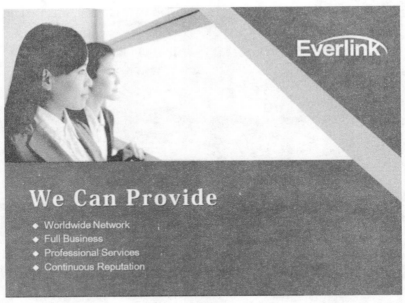

图 4-40 大色块应用

7. 非常规排版

常规的排版容易造成视觉疲劳，突破视觉常规的版式设计，可以增强视觉冲击力，容易给观看者留下很深的印象，从而记住你要传达的信息。

从左向右上升版式，区别于常规的版式，视觉冲击力强，极好地诠释了 Everlink 在物流业的领先地位，如图 4-41 所示。

图 4-41 不规则版式 1

厌烦了方方正正的图片排版，倾斜的图片文字设计带给视觉感官新的感受，如图4-42所示。

图4-42 不规则版式2

8. 虚实结合

虚实结合的设计，信息相互补充，又突出重点，非常有设计感和文化气息，是画册常用的设计方式。

城市上空线状轨道及地铁缩影，给画面增添科技感、未来感，如图4-43所示。

图4-43 场景组合

大钻石的设计突出 PPT 给企业带来的价值，如图 4-44 所示。

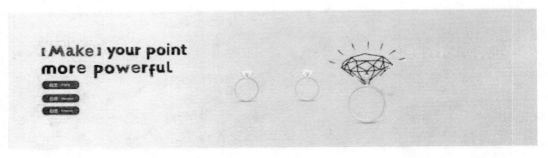

图 4-44　增加寓意

9. 拟物设计

虽然扁平化设计很流行，拟物设计与扁平化设计的争论却一直难有定论。因为这两种风格的设计各有所长。拟物化设计形象，简单易懂，在 PPT 设计中能很快的传达信息。

模拟计算机界面的设计，让观众仿佛坐在计算机前亲自操作平台，如图 4-45 所示。

皮革质感的背景瞬间让简洁的画面"高大上"了起来，如图 4-46 所示。

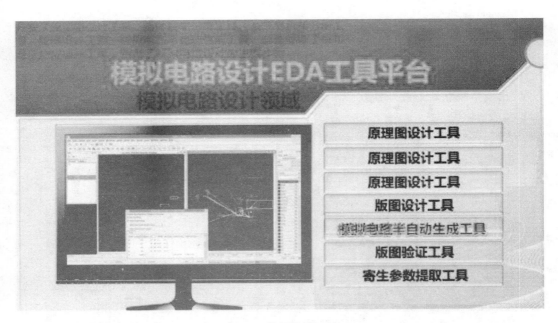

图 4-45　模拟计算机界面

10. 手绘设计

手绘风格较有设计感和趣味性，因为操作较难，所以更显得稀罕。

卡通风格的手绘设计，舒服的色彩搭配，如图 4-47 所示。

图 4-46　特殊质感

图 4-47　手绘风格

商务简洁的手绘风格，让观众有眼前一亮的感觉，如图 4-48 所示。

11. 场景化设计

场景化的设计形象化，比较有代入感，典型的比如游戏场景的设计。场景化在 PPT 设计上有同样的优势。

海陆空的运输用地球来表示，飞机、轮船、货物在地球上移动，形象地表达运输的便捷，如图 4-49 所示。

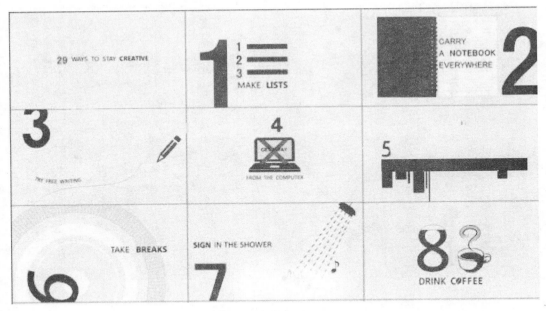

图 4－48　简洁商务风格

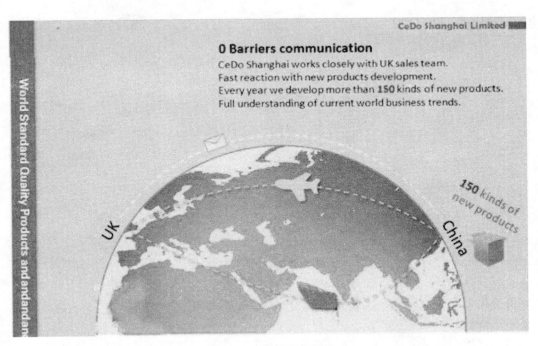

图 4－49　模拟业务场景

以河流为参照物，标注企业分公司的地理位置，区域分布简单明了，如图 4－50 所示。

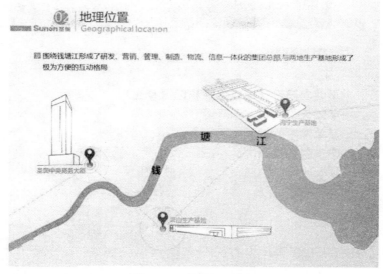

图 4-50　模拟地理场景

第五节　PPT 发布与播放

一、双显的设置

汇报讲演时突然忘了台词,幻灯演示时"讲演者备注"被一起投影,这些问题可以利用双显来解决。

双显示输出可以在主显示器(笔记本端)上控制播放(图 4-51),而在辅显示器上(投影机端)输出演示(图 4-52)。讲演者备注在笔记本端显示,投影机上只显示演示内容。要实现这样的功能,需要一块双显示输出的显卡,普通的笔记本电脑都有。

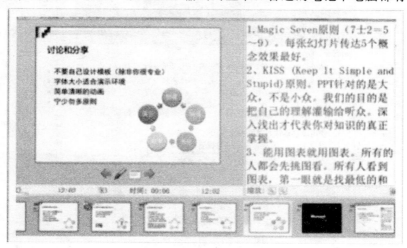

图 4-51　主显示器输出

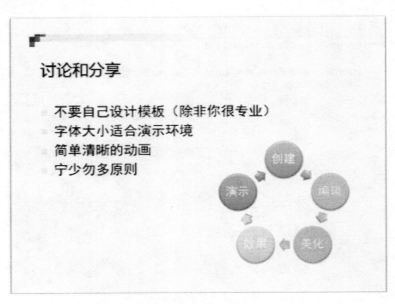

图 4-52　投影输出

具体方法

（1）桌面扩展：Windows XP 用户：右击桌面/属性/设置/选择 2 号监视器/选择将 Windows 桌面扩展到该显示器上，如图 4-53 所示。

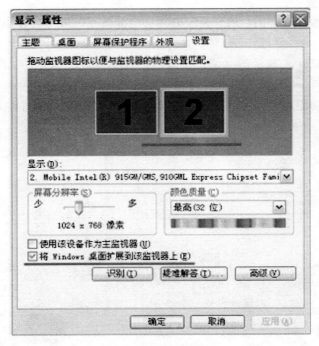

图 4-53　设置监视器

Windows 7 用户：按组合键 Windows＋P／扩展，如图 4-54 所示。

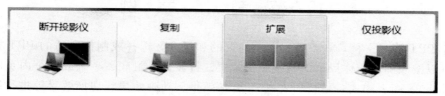

图 4-54　扩展选项

（2）选中"幻灯片放映选项卡/监视器/使用演示者视图"，默认启用，如图 4-55 所示。

图 4-55　设置演示者视图

（3）选择显示位置（不要放反），可以试试放映幻灯片。

二、PPT 打印

PPT 效果打印的情况比较少。一般情况下为了准备演讲而需要打印 PPT，那么利用 PPT 的讲义版式打印比较方便。讲义版模式可以选择每页打印的 PPT 页数，如图 4-56 所示。

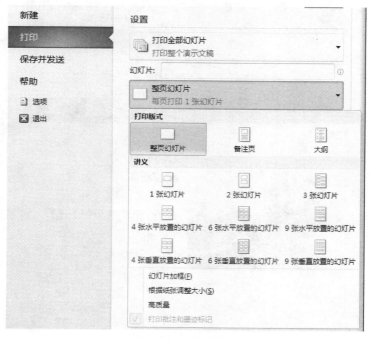

图 4-56　选择打印版式

第六节 制 作 案 例

制作 PPT 演示文稿，需要根据演示的目的和场合，选择或制作合适的 PPT 模板。演示文稿可以按照确定总体风格、封面、目录页、过渡页、封底、一个或多个内页版式（利用多个模板）、图表样式、是否加入视频\音频效果、动画效果、切换效果等进行制作。可自行设计，也可参照前面介绍的资源网站下载模板修改使用。

一、修改资源模板

以下以一个简约商务风格的 PPT 模板为例，介绍一下 PPT 的制作。

1. 总体风格设计

总体风格设计，包括封面、封底及内页背景图片的选取，如图 4-57～图 4-60 所示。

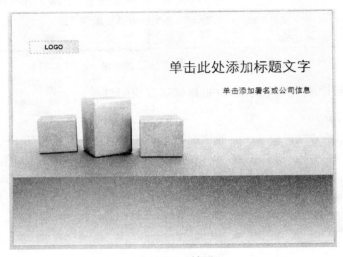

图 4-57 封面

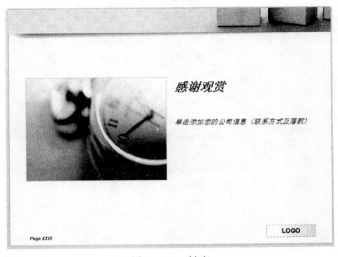

图 4-58 封底

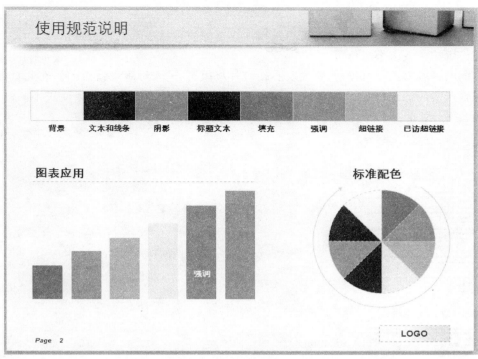

图 4-59　配色

图 4-60　目录页

2. 内容页的版式

为了增强 PPT 的展示效果，可以采用内容页的多种排版形式，也可以在 PPT 不同部分之间设置一个或多个过渡页。

不同的排版形式，可以通过"视图/幻灯片母版"，进入母版设计页面。在此页面可以插入编辑所需的标题母版，如图 4－61 所示，并在制作 PPT 时使用选择使用不同的版式，如图 4－62～图 4－65 所示。

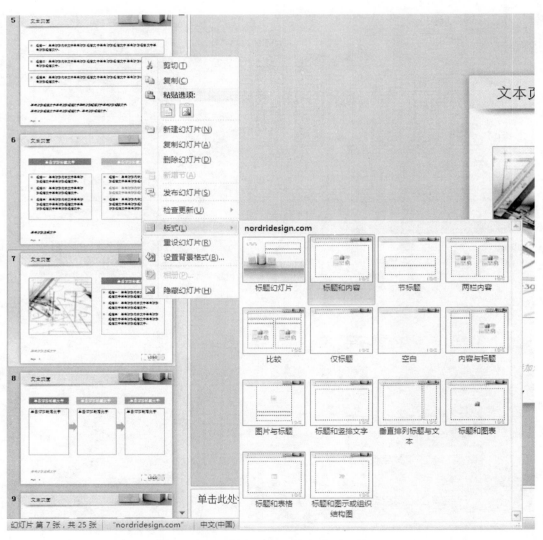

图 4－61　编辑 PPT 时选择所需母版

文本页面

- 段落一：单击添加内容文字单击添加段落文字单击添加段落文字单击添加段落文字单击添加段落文字。

- 段落二：单击添加内容文字单击添加段落文字单击添加段落文字单击添加段落文字单击添加段落文字。

- 段落三：单击添加内容文字单击添加段落文字单击添加段落文字单击添加段落文字单击添加段落文字。

单击添加段落文字单击添加段落文字单击添加段落文字单击添加段落文字。

单击添加段落文字单击添加段落文字。单击添加段落文字。

Page 05

LOGO

图 4 - 62 内容页 1

文本页面

单击添加标题文字

- 段落一：单击添加内容文字单击添加段落文字单击添加段落文字。

- 段落二：单击添加内容文字单击添加段落文字单击添加段落文字。

- 段落三：单击添加内容文字单击添加段落文字单击添加段落文字单击添加段落文字单击添加段落文字。

单击添加注释文字

Page 07

LOGO

图 4 - 63 内容页 2

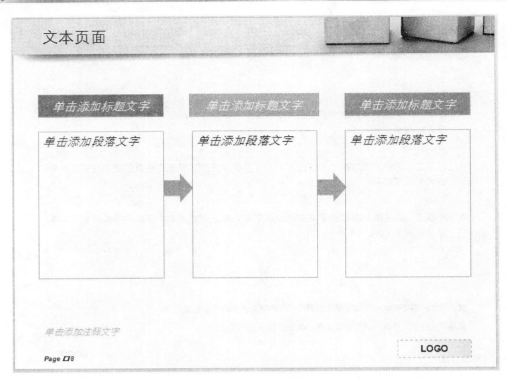

图 4-64　内容页 3

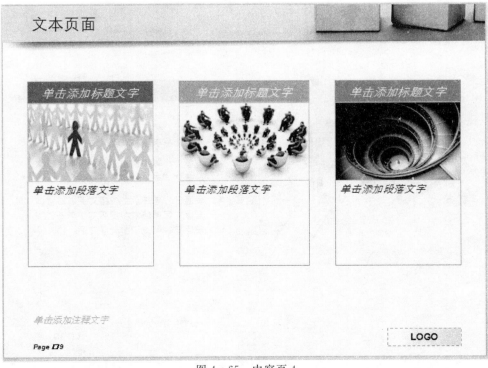

图 4-65　内容页 4

3. 图表样式

图表对于 PPT 制作效果及演示效果影响颇大。图表可以利用 PPT 或 Excel 自带的图表功能进行制作，也可以自己手工绘制。有时经过良好设计的手工制作图表往往具有独特的表现效果。制作 PPT 时要善于将数据制作成图表，如图 4-66 和图 4-67 所示，还要善于将发展脉络、时间轴、组织结构等内容以图表的形式进行表现，如图 4-68～图 4-70 所示。

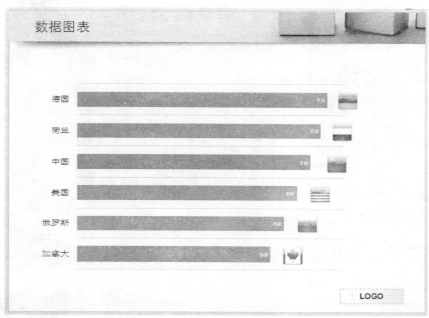

图 4-66 图表页 1

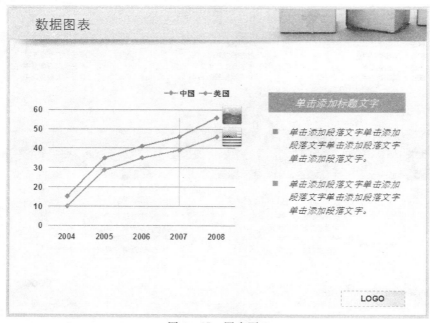

图 4-67 图表页 2

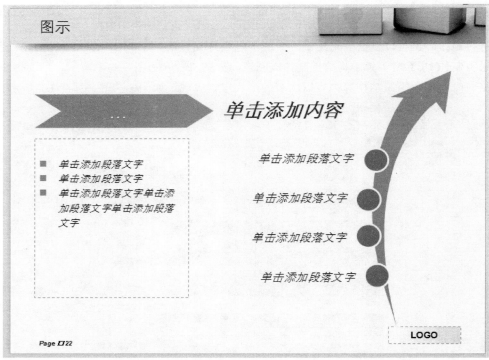

图 4-68 图示页 1

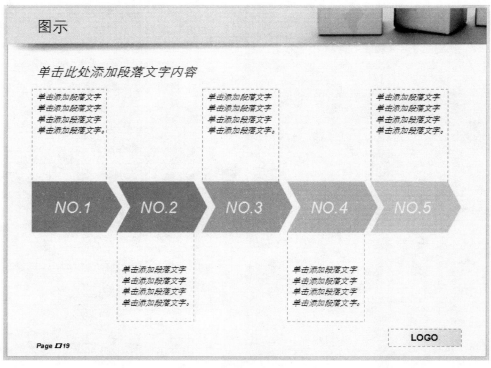

图 4-69 图示页 2

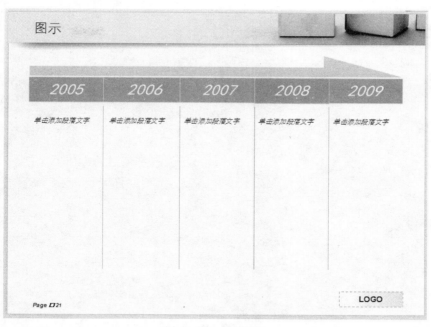

图 4-70 图示页 3

二、自行设计模板

设计感较强的 PPT，需要一定的设计能力。在这里主要关注整体风格的设计。本案例总体风格采用单色设计，简洁大方，背景处理与主题有关，封面图片与内容页图片体现出关联性。

1. 封面设计

封面样式如图 4-71 所示。

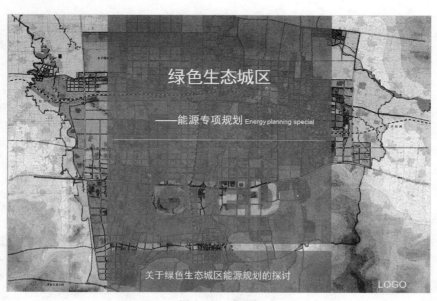

图 4-71 封面

2. 目录页设计

目录页设计如图 4-72 所示。

图 4-72　目录页

3. 过渡页设计

过渡页的设计如图 4-73 所示。

图 4-73　过渡页

4. 内容页设计

内容页设计如图 4-74～图 4-76 所示。

图 4-74 内容页 1

图 4-75 内容页 2

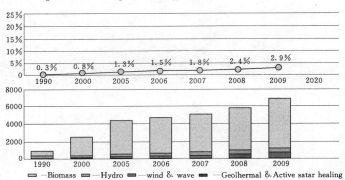

Percentage of renewable energe in total energy consumption & Total use of enewable energy

表3 伯纳斯可再生能源占各能源消耗规划值

年份	2008	2020	2030	2050
电力/GWh	38.3	38.3	38.3	38.3
燃气/GWh	161.6	145.4	130.9	117.8
总需求/GWh	199.9	183.7	169.2	156.1
可再生能源份额（总能耗的比例）	<1%	20%	50%	100%
总可再生能源供给/GWh	<2.0	36.7	84.6	156.1

Share of total final energy sonsumplion of energy from renewable sources 2005 and 2000

图 4-76 内容页 3

扫码查看实验 4

第五章　Office 2010 综合应用

第一节　Word 与 Excel 资源共享

一、在 Word 中创建 Excel 表格

在 Word 文档中内建 Excel 表格会有诸多好处，比如可以实现复杂的公式计算，可以在 Word 中直接编辑 Excel 表格等。

把光标定位到要插入电子表格的位置，选择"插入/表格/Excel 电子表格"，即在当前位置插入有一个工作表的 Excel 表格，如图 5 - 1 所示。此时功能区切换为编辑 Excel 表格的功能区工具，如图 5 - 2 所示。此时在 Word 中即可直接编辑 Excel 表格。根据需要拖动 Excel 对象四周的控点，可以调整 Excel 表格对象的大小。编辑完毕之后可以在对象之外的位置单击，退出编辑状态，此时单击 Excel 对象可以拖动改变其位置，双击该对象可以再次进入编辑状态。

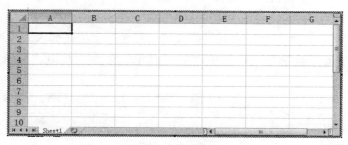

图 5 - 1　Word 中创建的 Excel 表格

图 5 - 2　Word 中插入 Excel 表格时的功能区

二、在 Word 中调用 Excel 表格

1. 调用少量数据

（1）打开相应的 Excel 文件，鼠标选中需要调用的数据区域，右击，选择"复制"。

（2）切换到 Word 编辑窗口，光标定位到要插入工作表的位置，选择"开始/剪贴板"

选项组，单击"粘贴"下拉菜单中的"选择性粘贴"，弹出"选择性粘贴"对话框，如图5－3所示。

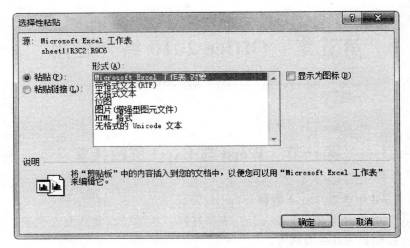

图 5－3　"选择性粘贴"对话框

（3）在对话框中选择"粘贴"和"Microsoft Excel 工作表对象"，单击"确定"按钮。

（4）在 Word 文件中鼠标双击插入的工作表，功能区切换到如图 5－2 所示的 Excel 表格功能区，即可对 Excel 工作表直接进行编辑。

（5）若在"选择性粘贴"对话框中，选中"粘贴链接"，双击插入的表格对象时，同时打开 Excel 文件，即该表格和源表格实现联动。

2．调用较多数据

（1）启动 Word，打开需要插入表格的文档，将光标定位在插入表格处，选择"插入/文本"选项组，单击"对象"下拉菜单中的"对象"命令，弹出"对象"对话框，如图5－4所示。

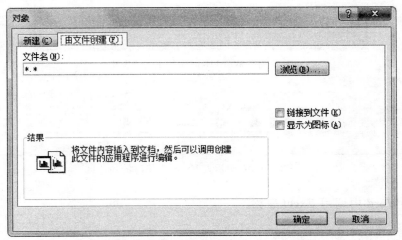

图 5－4　"对象"对话框

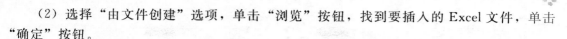

（2）选择"由文件创建"选项，单击"浏览"按钮，找到要插入的 Excel 文件，单击"确定"按钮。

（3）在 Word 文件中鼠标双击插入的工作表，功能区切换到如图 5-2 所示的 Excel 表格功能区，即可对 Excel 工作表进行直接编辑。

（4）若在"对象"对话框中选中了"链接到文件"，双击插入的表格对象时，同时打开 Excel 文件，即实现表格与源表格的联动。

（5）如果 Excel 工作簿中有多个工作表，需要先启动 Excel，打开相应的文件，将需要调用的工作表设为当前工作表，保存退出，再进行上述操作即可。

注：使用上述方法插入到 Word 中的工作表，若实现表格与源表格的联动，当编辑源 Excel 表格中的数据后，在 Word 表格中右击，选择"更新链接"，即可把 Excel 中修改的数据更新到 Word 文档电子表格中。

当再次打开上述 Word 文档时，系统会弹出一个如图 5-5 所示的对话框，可以根据实际需要，确定是否进行相应的修改。

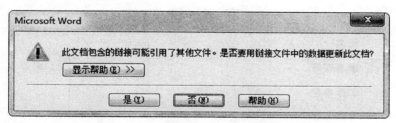

图 5-5 "数据链接更新"对话框

三、综合使用 Word、Excel 邮件合并

"邮件合并"功能非常强大，将一个主文档和一个包括变化信息的数据源使用"邮件合并"功能在主文档中插入变化的信息，合成一个变化信息的 Word 文档。使用"邮件合并"功能可以批量生成工资条、信封、明信片、准考证、成绩单等。下面通过使用"邮件合并"功能制作准考证来详细说明"邮件合并"的过程。

准考证内容大致一样，只是考生的个人信息有变化。如果一张一张人工完成，既麻烦又易出错。使用"邮件合并"可以批量完成准考证的生成，可以减少很多重复工作。请注意：为操作方便起见，我们将所有照片、邮件合并的主文档及数据源放在同一个文件夹下。

（1）创建"数据源"文件。新建一个 Excel 表格，存放考生信息，如图 5-6 所示。I2 单元格的输入方法为：使用公式输入"＝A2&H2"，H 列存放的是照片的格式。

（2）创建主文档。新建 Word 文档，制作准考证模板，如图 5-7 所示。

（3）在主文档界面，选择"邮件/开始邮件合并"选项组，单击"开始邮件合并"下拉菜单中的"信函"命令。

（4）选择"邮件/开始邮件合并"选项组，单击"选择收件人"下拉菜单中的"使用现有列表"命令，弹出"选择数据源"对话框，找到步骤（1）创建的数据源 .xlsx 文件，单击"打开"按钮，弹出"选择表格"对话框，选择需要的工作表，单击"确定"按钮。

	A	B	C	D	E	F	G	H	I	J
		B13		fx						
1	姓名	准考证号	工作单位	考点名称	考场号	座位号	考试时间	照片格式	照片	
2	刘备	3701021001	蜀汉集团	山东建筑大学	10	1	8月31日9:00-11:00	.jpg	刘备.jpg	
3	诸葛亮	3701021102	蜀汉集团	山东建筑大学	11	2	8月31日9:00-11:00	.jpg	诸葛亮.jpg	
4	曹操	3701021203	曹魏集团	山东建筑大学	12	3	8月31日9:00-11:00	.jpg	曹操.jpg	
5	孙权	3701021304	东吴集团	山东建筑大学	13	4	8月31日9:00-11:00	.jpg	孙权.jpg	
6	关羽	3701021405	蜀汉集团	山东建筑大学	14	5	8月31日9:00-11:00	.jpg	关羽.jpg	
7	张飞	3701021506	蜀汉集团	山东建筑大学	15	6	8月31日9:00-11:00	.jpg	张飞.jpg	
8	司马懿	3701021607	曹魏集团	山东建筑大学	16	7	8月31日9:00-11:00	.jpg	司马懿.jpg	
9	郭嘉	3701021708	曹魏集团	山东建筑大学	17	8	8月31日9:00-11:00	.jpg	郭嘉.jpg	
10	周瑜	3701021809	东吴集团	山东建筑大学	18	9	8月31日9:00-11:00	.jpg	周瑜.jpg	
11	黄盖	3701021910	东吴集团	山东建筑大学	19	10	8月31日9:00-11:00	.jpg	黄盖.jpg	
12										

图 5-6　"邮件合并"数据源

2019 年职称英语考试

准·考·证

姓名：

准考证号：

工作单位：

考点名称：

考场号：

座位号：

考试时间：

准考证注意事项

一、考试前 15 分钟凭准考证和身份证进入考场，对号入座，并将证件放在桌面左上角。

二、只准带中性笔或墨水笔、2B 铅笔、直尺、橡皮、铅笔刀入场。与考试无关的物品，按规定存放在考场指定位置。移动电话等通信设备，应切断电源。

三、开考 30 分钟内考生不得退场，开考 30 分钟后迟到考生不得入场。

四、遵守考场规则，考试时不准窃视、交谈、报抄、传递物品，严禁作弊。交卷后不得在考场附近逗留或高声谈论。

五、如遇试卷分发错误、印刷字迹模糊等问题可举手询问，不得要求监考人员解释试题。

六、考试终止时间一到，立即停止答卷，不得将试卷、答题卡和草稿纸带出考场。

七、服从考试工作人员管理，监督和检查，不得无理取闹，违者取消考试资格。

图 5-7　"邮件合并"主文档

（5）选择"邮件/开始邮件合并"选项组，单击"邮件合并收件人/编辑收件人列表"命令，弹出"邮件合并收件人"对话框，根据需要选择或取消收件人，如图 5-8 所示，单击"确定"按钮。

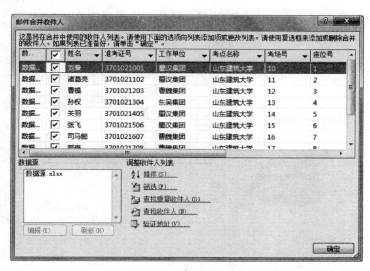

图 5-8　"邮件合并收件人"对话框

（6）插入字段。将光标定位在要插入合并域的位置，选择"邮件/编写和插入域"选项组，单击"插入合并域"下拉菜单，对应选择要插入的字段。

（7）照片的插入。将光标定位到主文档照片的小表格里，选择"插入/文本"选项组，单击"文档部件"下拉菜单中的"域"，弹出"域"对话框，如图 5-9 所示。在"域名"中选择"IncludePicture"，在域属性"文件名或 URL"文本框中输入"1"（便于编辑域），单击"确定"按钮。选中刚刚插入的域，按"Shift＋F9"组合键切换为源代码方式，如图 5-10 所示，选中"1"，选择"邮件/编写和插入域"选项组，单击"插入合并域"下拉菜单中的"照片"。

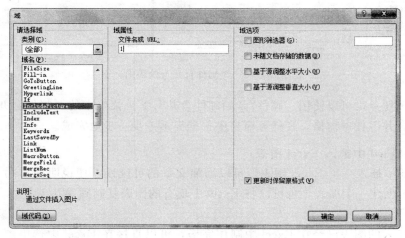

图 5-9　"域"对话框

（8）选中插入的照片，按 F9 键刷新，选择"邮件/完成"选项组，单击"完成并合并"下拉菜单中的"编辑单个文档"命令，弹出"合并到新文档"对话框。选择"全部"单选框，如图 5-11 所示。单击"确定"按钮，按"Ctrl＋A"组合键全选，按 F9 键刷新，则生成了多个准考证，若照片是同一个人照片，则可以保存生成的文档，一定将其保存在与主文档、数据源同一文件里，关闭退出，然后重新打开，再次全选，按 F9 键刷新，即可刷新照片。

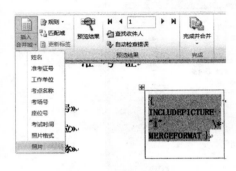

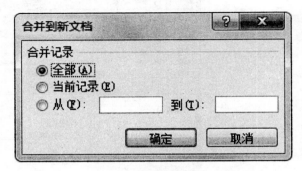

图 5-10　编辑照片域　　　　　图 5-11　"合并到新文档"对话框

（9）生成的准考证效果图，如图 5-12 所示。

图 5-12　"邮件合并"效果图

注意：该任务也可以使用"邮件/开始邮件合并"下拉菜单中的"邮件合并分步向导"打开"邮件合并"任务窗格，在任务窗格中根据提示一步一步地完成。

四、在 Word 中插入 Excel 图表

在 Word 中插入一个 Excel 图表，可以增加文章的可读性，使说明简单明了。可以直接在 Word 中创建一个图表，也可以将 Excel 中现有的图表复制到 Word 中。

1. 复制的方法

如果要插入的图表已经在 Excel 中制作完毕，可以直接在 Excel 中选中图表，然后右

击，弹出快捷菜单，单击"复制"按钮，将光标定位到 Word 文档中要插入图表的位置，选择"开始/剪贴板"，单击"粘贴"下拉菜单中的"选择性粘贴"命令，弹出"选择性粘贴"对话框，如图 5 - 13 所示。选中"粘贴"和"Microsoft Excel 图表对象"，单击"确定"按钮。将图表以对象的形式插入到 Word 文档中，双击该对象，功能区切换为 Excel 功能区的工具，可直接对图表和数据源进行编辑。若在该对话框中选中的是"粘贴链接"则实现图表和 Excel 源文件的联动。

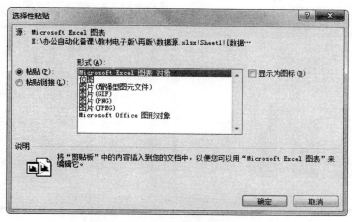

图 5 - 13　"选择性粘贴"对话框

2. 直接插入的方法

选择"插入/插图"选项组，单击"图表"按钮，弹出"插入图表"对话框，如图 5 - 14所示，选择图表类型，单击"确定"按钮，Excel 2010 将自动运行并创建一个名为"Microsoft Office Word 中的图表"的工作表，该工作表中包含图表数据，将和 Word 同时保存。可以看到 Word 和 Excel 窗口并排显示在屏幕上，如图 5 - 15 所示，同时，Excel 还为图表自动创建了一些数据。

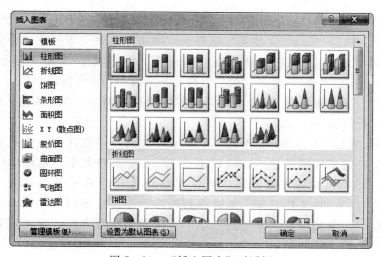

图 5 - 14　"插入图表"对话框

对图表数据进行修改，并删除不需要的数据，如图 5-15 所示。同时拖动数据区域四周的蓝色方框右下角，调整数据区域的大小。

以后，如果要修改图表数据，可以单击"图表工具设计/数据/编辑数据"，然后在 Excel 2010 中进行修改。

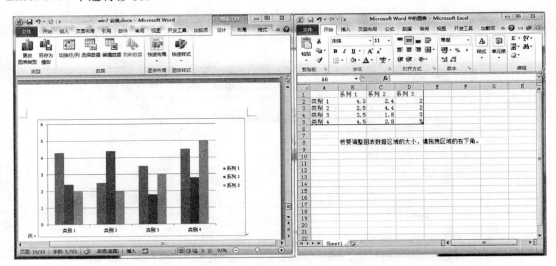

图 5-15　Word 中插入图表工作窗口

五、在 Excel 中嵌入 Word 内容

1. Word 表格复制到 Excel 表格中

鼠标选定 Word 文档中的表格，右击弹出快捷菜单，单击"复制"命令，然后切换到 Excel 表格中，将光标定位到要粘贴表格的地方，右击弹出快捷菜单，单击"粘贴"命令，将 Word 表格复制到 Excel 电子表格中进行表格的编辑。

2. 将 Word 内容作为对象插入

鼠标选定 Word 文档的指定内容，右击弹出快捷菜单，单击"复制"命令，然后切换到 Excel 表格中，选择"开始/剪贴板"选项组，单击"粘贴"下拉菜单中的"选择性粘贴"命令，弹出"选择性粘贴"对话框，如图 5-16 所示，选中"粘贴"单选框和"Microsoft Word 文档对象"，单击"确定"按钮。所选 Word 内容即会作为一个对象插入到 Excel 文件中。双击插入的 Word 对象，功能区切换为 Word 功能区的工具，可以直接对 Word 文件进行编辑。

注意：用该方法插入的 Word 作为一个对象存在的，不在任何一个单元格中，用鼠标拖动 Word 文档对象四周的控点，可以调整 Word 对象的大小，也可以将鼠标移动到边缘，通过拖动改变其位置，编辑完毕可以在对象之外的单元格上单击，退出编辑状态。此时如果单击 Word 文档对象，则会看到四周的控点变成圆形，可以像拖动绘图对象一样拖动 Word 对象的位置及改变其大小，操作起来非常方便。双击该对象可以再次进入编辑状态。

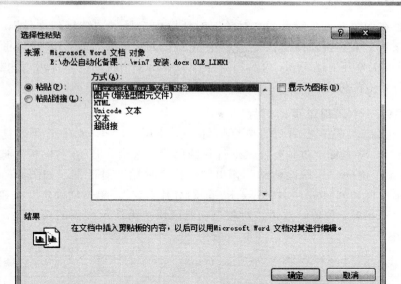

图 5 - 16　"选择性粘贴"对话框

第二节　Word 与 PowerPoint 资源共享

一、在 Word 中调用 PowerPoint 演示文稿

在实际工作中，有时需要在 Word 中直接进行演示文稿的演示。在 Word 编辑窗口，将光标定位到要插入演示文稿的位置，选择"插入/文本"选项组，单击"对象"按钮，打开"对象"对话框，选择"由文件创建"选项，单击"浏览"，在"浏览"窗口找到已经存在的演示文稿，再回到该对话框，如图 5 - 17 所示。单击"确定"按钮，所选演示文稿即插入到 Word 文档，双击插入的对象，即可放映该演示文稿。

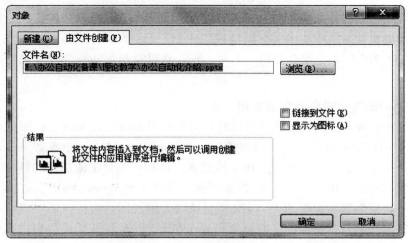

图 5 - 17　"对象"对话框

131

注意：若在如图 5-17 所示的"对象"对话框中选择了"链接到文件"，当源文件修改以后，在该对象上右击，弹出快捷菜单中单击"更新链接"命令，就会将修改更新到 Word 中。当再次打开上述 Word 文档时，系统会弹出一个对话框，你可以根据实际需要，确定是否进行相应的修改。

二、在 Word 中调用单页幻灯片

打开演示文稿，选中要调用的单页幻灯片，使用"Ctrl＋C"组合键复制，切换到 Word 编辑窗口，将光标定位到要插入幻灯片的位置，选中"开始/剪贴板"选项组，单击"粘贴"下拉菜单中的"选择性粘贴"弹出"选择性粘贴"对话框，如图 5-18 所示，选择"粘贴"单选框和"Microsoft PowerPoint 幻灯片对象"，单击"确定"按钮，将该张幻灯片插入到 Word 指定位置，双击该对象，功能区切换为演示文稿的功能区，可以对该幻灯片进行编辑。

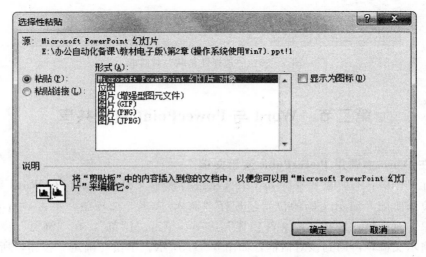

图 5-18　"选择性粘贴"对话框

注意：若在"选择性粘贴"对话框选择了"粘贴链接"，当源文件修改以后，在该对象上右击，弹出快捷菜单中单击"更新链接"命令，就会将修改更新到 Word 中。当再次打开上述 Word 文档时，系统会弹出一个对话框，你可以根据实际需要，确定是否进行相应的修改。

三、将 Word 文件转换为演示文稿

通常用 Word 来录入、编辑、打印材料，而有时需要将已经编辑、打印好的材料做成 PowerPoint 演示文稿，以供演示、讲座使用。如果在 PowerPoint 中重新录入，既麻烦又浪费时间。如果在两者之间，通过一块块地复制、粘贴，一张张地制成幻灯片，也比较费事。其实，我们可以利用 PowerPoint 的大纲视图快速完成 Word 到 PPT 文档的转换。

（1）将要转换为演示文稿的 Word 文档切换到大纲视图，可根据需要进行文本格式的设置，包括字体、字号、字形、字的颜色和对齐方式等然后将光标定位到需要划分为下一张幻灯片处，直接按回车键。或者使用"样式"对要转换的文档进行更进一步的编辑。

（2）在快速启动访问栏上右击，弹出快捷菜单，单击"自定义快速访问工具栏"命令，弹出"Word 选项"对话框，如图 5-19 所示。左侧导航栏中选择"快速访问工具栏"，在"从下列位置选择命令"下拉框中选择"不在功能区中的命令"，在下面的列表框中选中"发送到 Microsoft PowerPoint"单击"添加"按钮，添加到自定义快速访问栏中，单击"确定"按钮，该命令就会添加在"快速访问工具栏"中，如图 5-20 所示。

图 5-19 "Word 选项"对话框

框中为"发送到 Microsoft PowerPoint"快速按钮。

（3）将光标定位的已经修改为大纲视图的文档中，单击"快速访问工具栏"中的"发送到 Microsoft PowerPoint"按钮，就可以将 Word 文档转换为演示文稿，此时切换到演示文稿窗口，可以进一步对演示文稿进行编辑。

图 5-20 "快速访问工具栏"

注意：除了上述方法，也可以在 PowerPoint 中，选择"开始/幻灯片"选项组，单击"新建幻灯片"下拉菜单中的"幻灯片（从大纲）"命令，弹出"插入大纲"的对话框，找到已经调整为大纲视图的 Word 文件，单击"确定"按钮，就可以将大纲视图的 Word 文档插入到演示文稿中。

四、将演示文稿转换为 Word 文档

如果是将 PowerPoint 演示文稿转化成 Word 文档，同样可以利用"大纲"视图快速完成。方法是将光标定位在除第一张以外的其他幻灯片的开始处，按 BackSpace 键（退格键），重复多次，将所有的幻灯片合并为一张，然后全部选中，通过复制、粘贴到 Word 中即可。

注意：除上述方法，也可以在 PowerPoint 中，选择"文件/另存为"命令，弹出"另存为"对话框，在保存类型中选择"大纲/RTF 文件（*.rtf）"，如图 5 - 21 所示，RTF 文件就是 Word 能编辑的文件。

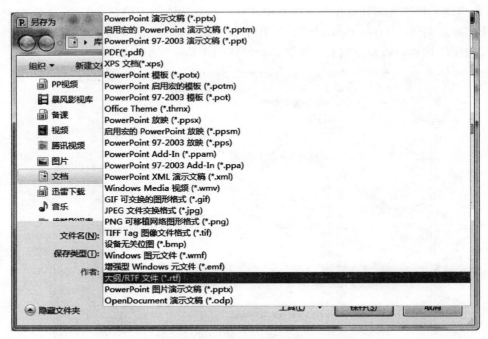

图 5 - 21　"另存为"对话框

第三节　Excel 与 PowerPoint 资源共享

一、在 PowerPoint 中使用 Excel 表格

制作演示文稿少不了要用到表格，而表格我们习惯用 Excel 制作，将制作好的 Excel 表格插入到幻灯片中就可以了。

1. 插入少量数据

（1）打开相应的 Excel 文件，鼠标选中需要调用的数据区域，右击，选择"复制"。

（2）切换到演示文稿窗口，光标定位到要插入工作表的位置，单击"开始/粘贴"下拉菜单中的"选择性粘贴"，弹出"选择性粘贴"对话框，如图 5 - 22 所示。

（3）在对话框中选择"粘贴"和"Microsoft Excel 工作表对象"，单击"确定"按钮。

（4）在演示文稿文件中鼠标双击插入的工作表，功能区切换到 Excel 表格功能区，即可对 Excel 工作表直接进行编辑。

（5）若在"选择性粘贴"对话框中选中了"粘贴链接"，双击插入的表格对象时，同时打开 Excel 文件，即实现表格与源表格的联动。

2. 调用较多数据

（1）启动演示文稿，打开需要插入表格的文档，将光标定位在插入表格处，选择"插入/文本"选项组，单击"对象"下拉菜单中的"对象"命令，弹出"插入对象"对话框，

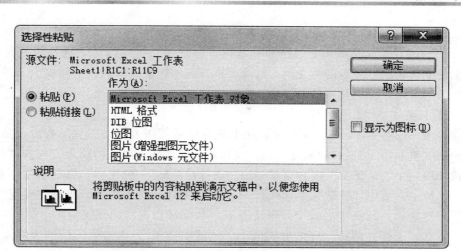

图 5 - 22　"选择性粘贴"对话框

如图 5 - 23 所示。

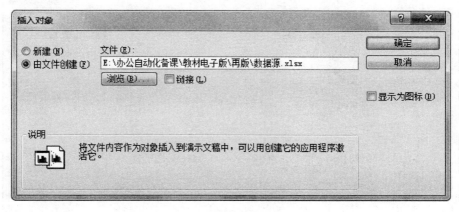

图 5 - 23　"插入对象"对话框

（2）选择"由文件创建"选项，单击"浏览"按钮，找到要插入的 Excel 文件，单击"确定"按钮。

（3）在 Word 文件中鼠标双击插入的工作表，功能区切换到 Excel 表格功能区，即可对 Excel 工作表直接进行编辑。

（4）若在"插入对象"对话框中选中了"链接"，双击插入的表格对象时，同时打开 Excel 文件，即实现表格与源表格的联动。

使用上述方法插入到演示文稿中的工作表，若实现了联动，当编辑源 Excel 表格中的数据后，在演示文稿表格中右击，选择"更新链接"，即可把 Excel 中修改的数据更新到演示文稿的电子表格中。

当再次打开上述演示文稿时，系统会弹出一个是否更新链接的对话框，你可以根据实际需要，确定是否进行相应的修改。

仿此操作，也可以将 Word 表格（文档）插入到幻灯片中。

二、在 PowerPoint 中使用 Excel 图表

PowerPoint 中经常用到图表，比如柱状图、圆饼图、折线图等，这些图就是基于一定的数据建立起来的，所以需要先建立数据表格然后才能生成图表。下面提供了两种建立和插入图表的方法，原理其实是一样的。

1. 复制粘贴法

创建一个 Excel 文件，基于 Excel 文件中的数据插入图表，在图表上右击，弹出快捷菜单，单击"复制"，切换到演示文稿，将光标定位到要插入图表的位置，选择"开始/剪贴板"选项组，单击"粘贴"下拉菜单中的"选择性粘贴"，弹出"选择性粘贴"对话框，如图 5－24 所示，选中"粘贴"单选框和 Microsoft Office 图形对象，单击"确定"按钮，将图表作为对象插入到演示文稿中，单击图表，功能区出现"图表工具"，可以对图表进行编辑。若在"选择性粘贴"对话框里选中了"粘贴链接"，双击插入的图表对象时，同时会打开源演示文稿进行编辑。当再次打开该演示文稿，会弹出对话框，询问是否更新链接，可以根据实际来进行选择。

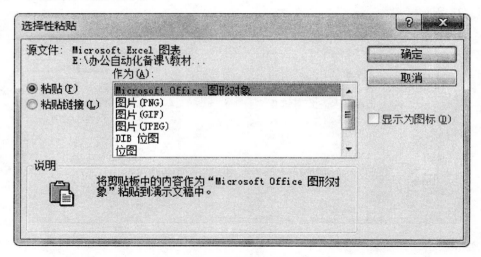

图 5－24　"选择性粘贴"对话框

2. 直接插入图表

在演示文稿中，插入一张空白幻灯片，选择"插入/插图"选项组，单击"图表"按钮，弹出"插入图表"对话框，如图 5－25 所示。选择插入的图表类型，单击"确定"按钮，Excel 2010 将自动运行并创建一个名为"Microsoft Office PowerPoint 中的图表"的工作表，该工作表中包含图表数据，将和演示文稿同时保存。可以看到演示文稿和 Excel 窗口并排显示在屏幕上。同时，Excel 还为图表自动创建了一些数据，如图 5－26 所示。右边是演示文稿中的图表 Excel 表格，我们在这个表格中输入数据，这些数据就是用于建立图表的。一开始给出了一些默认的数据，这些数据都是没用的，修改这些数据，改成我们需要的图表。关闭 Excel，图表就自动创建了。使用功能区的"图表工具"可以对图表进行格式编辑。

若要修改 Excel 数据，选择"图表工具设计/数据"选项组，单击"编辑数据"，界面就会切换出 Excel 电子表格用来编辑数据。

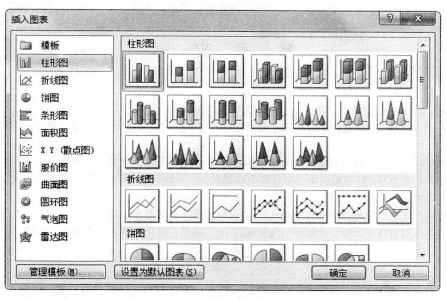

图 5-25　"插入图表"对话框

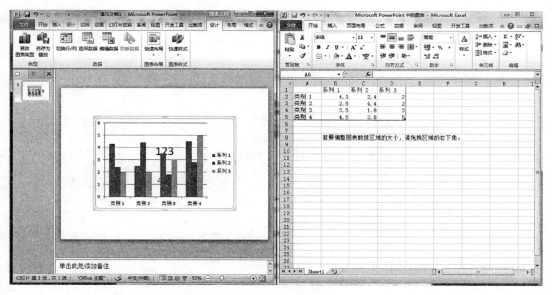

图 5-26　PowerPoint 中插入图表后界面

参 考 文 献

［1］ 陈魁. PPT 演义［M］. 2 版. 北京：电子工业出版社，2011.

［2］ Garr. Reynolds. 演说之禅——职场必知的幻灯片秘技［M］. 王佑，等，译. 北京：电子工业出版社，2009.

［3］ 朱君明，贡国忠. 计算机基础及 MS Office 2010 全攻略［M］. 苏州：苏州大学出版社，2015.

［4］ 吴俊君，龙怡瑄. 计算机应用基础任务驱动教程——WINDOWS 7＋OFFICE 2010［M］. 北京：北京理工大学出版社，2018.

［5］ 逄秀娟. 计算机应用基础实训指导［M］. 天津：天津科学技术出版社，2016.

［6］ 康辉英，刘明海，王妞. 计算机文化基础［M］. 成都：电子科技大学出版社，2014.